JIDIANBAOHU DIANXING YINHUAN ANLI
FENXI JI FANGFAN

继电保护典型隐患案例

分析及防范

王其林　冯宗建　陈择栖　主编

中国电力出版社
CHINA ELECTRIC POWER PRESS

内 容 提 要

为实现变电站继电保护安全稳定运行，推进继电保护运维规范化，消除运行中的隐患，提高继电保护专业人员日常定检、消缺、验收过程中的技术水平，基于南方电网公司继电保护专业精益化反措检查情况和深圳供电局现场实际工作经验，特编写本书。

本书共包含七章，分别为电流回路、电压回路、控制回路、线路保护、变压器保护、母线保护及断路器失灵保护、安全自动装置的隐患分析及防范。

本书可供电力系统继电保护专业人员和相关管理人员学习使用。

图书在版编目（CIP）数据

继电保护典型隐患案例分析及防范 / 王其林，冯宗建，陈择栖主编．—北京：中国电力出版社，2021.9

ISBN 978-7-5198-5766-0

Ⅰ．①继… Ⅱ．①王… ②冯… ③陈… Ⅲ．①继电保护－安全隐患－案例 Ⅳ．① TM77

中国版本图书馆 CIP 数据核字（2021）第 126391 号

出版发行：中国电力出版社
地　　址：北京市东城区北京站西街 19 号（邮政编码 100005）
网　　址：http://www.cepp.sgcc.com.cn
责任编辑：唐　玲　马玲科
责任校对：黄　蓓　朱丽芳
装帧设计：赵丽媛
责任印制：钱兴根

印　　刷：三河市万龙印装有限公司
版　　次：2021 年 9 月第一版
印　　次：2021 年 9 月北京第一次印刷
开　　本：710 毫米 ×1000 毫米　16 开本
印　　张：10
字　　数：161 千字
定　　价：42.00 元

编委会

主　编　王其林　冯宗建　陈择栖

副主编　彭　业　巩俊强

参　编　郑润蓝　张　文　张　瑞　程景清

涂文彬　简学之　李洪卫　赵玉曼

刘丽珍　马　帅　余镇桥　郭　阳

童斯琦　杨国威　毕星宇　李永恒

前　言

为实现变电站继电保护安全稳定运行，推进继电保护运维规范化，消除运行中的隐患，提高继电保护专业人员日常定检、消缺、验收过程中的技术水平，基于南方电网公司继电保护专业精益化反措检查情况和深圳供电局现场实际工作经验，特编写本书。

本书从电流二次回路、电压二次回路、控制二次回路、输电线路保护、变压器保护、母线保护及断路器失灵保护、安全自动装置七个方面讲述可能存在的典型隐患，覆盖了电网公司主要的继电保护二次回路及保护设备。每一个隐患从一个或多个现场实际案例开始，分析隐患存在的原因、造成的后果并提出了防范措施，既有理论的叙述，又有现场实际操作的指导，充分兼顾了理论与实践两个方面的知识技能。

本书编写的目的旨在指导和规范从事继电保护的设计、施工和维护人员在变电站施工、调试和验收等阶段工作中，减少由于设计、维护、验收不到位造成的变电站继电保护设备带隐患，提高继电保护运行的可靠性，杜绝继电保护装置误动或拒动。

由于时间仓促，书中不妥之处恳请广大读者批评指正。

编　者

2021 年 5 月

目　录

1

电流二次回路隐患分析及防范

1.1 电流互感器的二次回路必须分别并且只能有一点接地

作业班组在某500kV变电站内开展500kV ××线TA、500kV第五串联络开关5052 TA防潮封堵工作，在进行接线盒防潮封堵和电缆保护钢管上端开防潮孔作业过程中，因未辨识出该作业过程存在触碰TA二次接线柱造成TA二次回路多点接地的风险，未能正确落实绝缘隔离措施，作业人员在使用扳手遮挡钻头时，扳手头（金属裸露部分）触碰到检修状态500kV第五串联络开关5052 TA二次接线柱，造成TA C相二次回路多点接地，导致500kV线路保护动作跳闸，如图1-1所示。

2017年11月11日，某500kV甲线检修后开展联络开关5052 TA计量绕组校验工作。计量运维人员在联络开关5052 TA二次接线盒处执行二次安全措施，拆除了相关的电流回路，但未用绝缘胶布包扎裸露的电缆头。在风吹作用下，联络开关5052 C相二次电流电缆头与门盖接触，造成相邻的500kV乙线主Ⅰ保护电流回路两点接地，导致500kV乙线主Ⅰ保护误动，如图1-2所示。

图1-1　扳手误碰电流互感器接线柱示意图

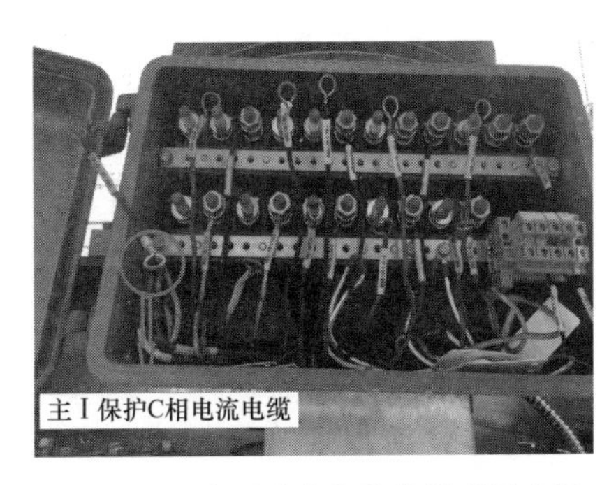

图1-2　电流回路未包绝缘误碰示意图

据统计，电流回路误碰和误接线已经成为电流回路作业导致保护误动的主要因素。

电流互感器的二次回路必须分别并且只能有一点接地。电流互感器二次回路接地属于保安接地。如果电流互感器二次回路没有接地，则接在电流互感器一次侧的高压电压将通过电流互感器一、二次绕组间的分布电容和二次回路的对地电容形成分压，将高压电压引入二次回路，其值取决于二次回路对地电容的大小。如果电流互感器二次回路有接地点，则二次回路对地电容将为零，从而达到了保证人身和二次仪表设备安全的目的，因此电流互感器的二次回路必须接地。

一个变电站的接地网并非实际的等电位面，因而在不同点会出现电位差。当大的接地电流注入电网时，各点间电位差更大。如果一个电连通的回路在变电站的不同点同时接地，则地网上的电位差将窜入这个连通的回路，有时还造成不应有的分流。在某些情况下，可能将这个在一次系统中不存在的电压引入继电保护的检测回路中，使测量电流数据不正确，波形畸变，导致保护不正确动作。在电流二次回路中，如果在继电器电流线圈的两侧都有接地点，则两接地点和地所构成的并联回路会短路电流线圈，使通过电流线圈的电流减小；此外，在发生接地故障时，两接地点间的工频地电位差将在电流线圈中产生极大的额外电流。这两种原因的综合效果，将使通过保护装置的电流与电流互感器二次实际输出的故障电流有极大差异，会造成保护装置的不正确动作。

在日常工作中，经常会出现以下几种情况导致的多点接地，引起保护误动：

(1) 电流的中性线多点接地，如图 1-3 所示。由于两个接地点之间电位差 V_{dd} 的存在，使电流互感器绕组两端的电压发生变化。正常情况下，电位差 V_{dd} 很小，不会造成保护的误动，但当发生故障，特别是接地故障时，变电站两个接地点的地电位差 V_{dd} 增大，此电位差的部分电压分配到电流互感器二次绕组的两端，使电流互感器的伏安特性发生变化，影响了电流互感器的输出电流，导致保护误动。如果变电站地网接地电阻不合格，那么即使在正常情况下，两个接地点的地电位差 V_{dd} 也很大，同样会造成保护的不正确动作。

在正常情况下，电位差 V_{dd} 很小的这种情况，在正常运行时对保护没有影响，因此具有很强的隐蔽性，多发生在保护验收或定检环节，在做电流互感器对地绝缘检查时容易发现中性线的多点接地情况。

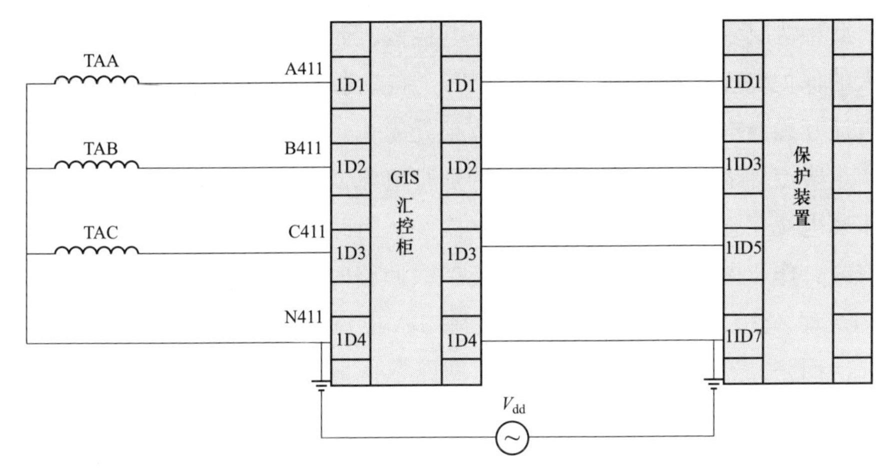

图 1-3 中性线多点接地示意图

在正常情况下，两个接地点的地电位差 V_{dd} 很大，造成保护的不正确动作，一般是在作业过程中发生误碰造成的。因此在临近电流互感器的电流二次回路区域（如 TA 接线柱、端子箱 TA 回路等）开展作业，工作前应对非工作区域的 TA 接线柱、TA 回路端子排等电流二次回路做好绝缘封闭隔离，根据工作需要预留开放工作对象及相关端子排区域，防止误碰电流二次回路；同时作业中应使用绝缘包裹良好的工器具。

（2）工作中误碰电流回路，导致电流非中性线接地，形成电位差，如图 1-4 所示。由于两个接地点之间电位差 V_{dd} 的存在，使电流非中性线产生一个附加电流，此电流与电流互感器本身产生的电流叠加在一起流入保护装置，导致保护装置的误动。

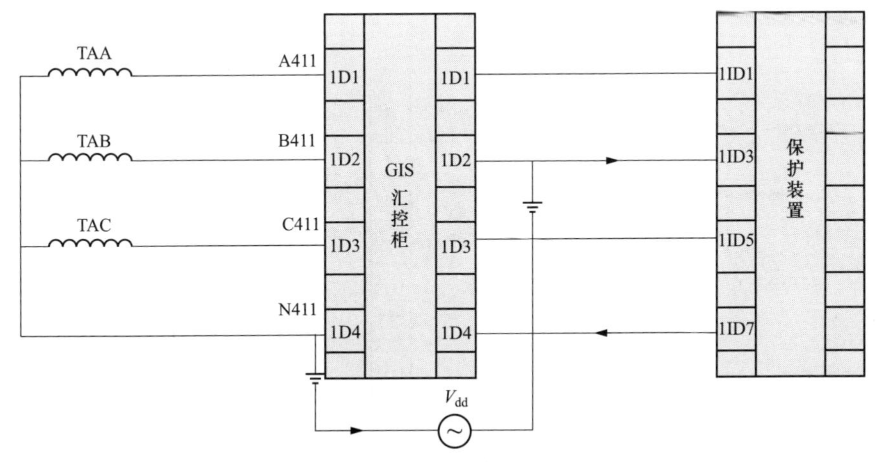

图 1-4 非中性线多点接地示意图一

此种情况多发生在电流互感器停电检修，而该电流互感器的部分绕组所接入的保护装置（如母线差动保护、安全自动装置）在运行状态，人员需要在电流互感器本体接线盒或 GIS 汇控柜处工作，电流隔离措施没有做足，导致产生多点接地，引起保护误动。特别是电流回路，一次设备停电检修，不等于其电流互感器的二次回路也停电检修。因此在电流互感器一次设备停电检修时，作业内容涉及或影响到电流二次回路时，应根据工作需要在 TA 二次接线盒（柱）上或端子排处实施解除 TA 电流二次回路接线或断开 TA 电流二次回路等隔离措施。建议在电流回路工作地点的下一级物理隔离电流回路，同时使用的工器具裸露的金属部分要做好绝缘处理。例如，如果在电流互感器本体二次接线盒处工作，就需要在 GIS 汇控柜内断开电流连接片；如果在 GIS 汇控柜内工作，就需要在保护屏处断开电流连接片。因此当电流互感器在停电状态时，经电流回路所连接的所有二次设备仍可能在正常运行状态，特别是母线保护、稳控、备用电源自动投入（简称备自投）等装置同时关联着其他运行一次设备，因此在涉及或影响到电流二次回路的检修工作前，必须对相应的电流二次回路进行有效的安全隔离，防止保护误动造成运行设备跳闸风险。

（3）工作中误碰电流回路，使电流非中性线接地，形成电流的分流，造成的保护误动，如图 1-5 所示。由于两个接地点之间相距很近，两点间的电位差较小，可以忽略不计。由于非中性线接地，使原本输出的电流通过非中性线上的接地点分流了一部分，使保护装置感受到的电流减小，导致保护发生误动或拒动。

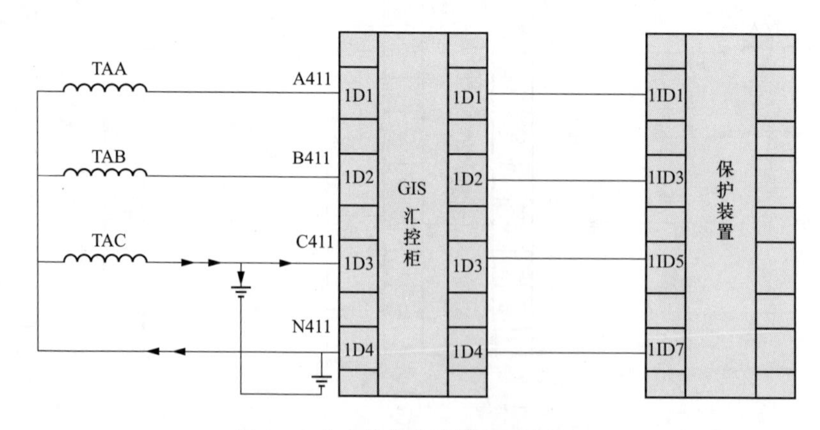

图 1-5　非中性线多点接地示意图二

此种情况经常发生在运行中的电流二次回路电缆绝缘被破坏或电流互感器本体接线盒内密封不够导致进水以及作业过程中误碰。因此在验收环节或定检环节测量电流二次回路的绝缘电阻必不可少。用1000V绝缘电阻表测量电流回路对地的绝缘电阻，其绝缘电阻值应大于1MΩ。

（4）多组无电气联系的电流二次回路必须分别接地。如图1-6所示，几组无电气联系的电流二次回路中性线短接后在一点接地，虽然这种方式也能保证电流二次回路一点接地的要求并在正常运行时也不会对保护造成影响，但如果几组电流二次回路中性线之间的短接不牢靠，例如图1-6中的测量组与故障录波组之间的连接不可靠，则会造成线路保护组、母线保护组、故障录波组三组电流二次回路全部失去接地点。正确的接线方式如图1-7所示。

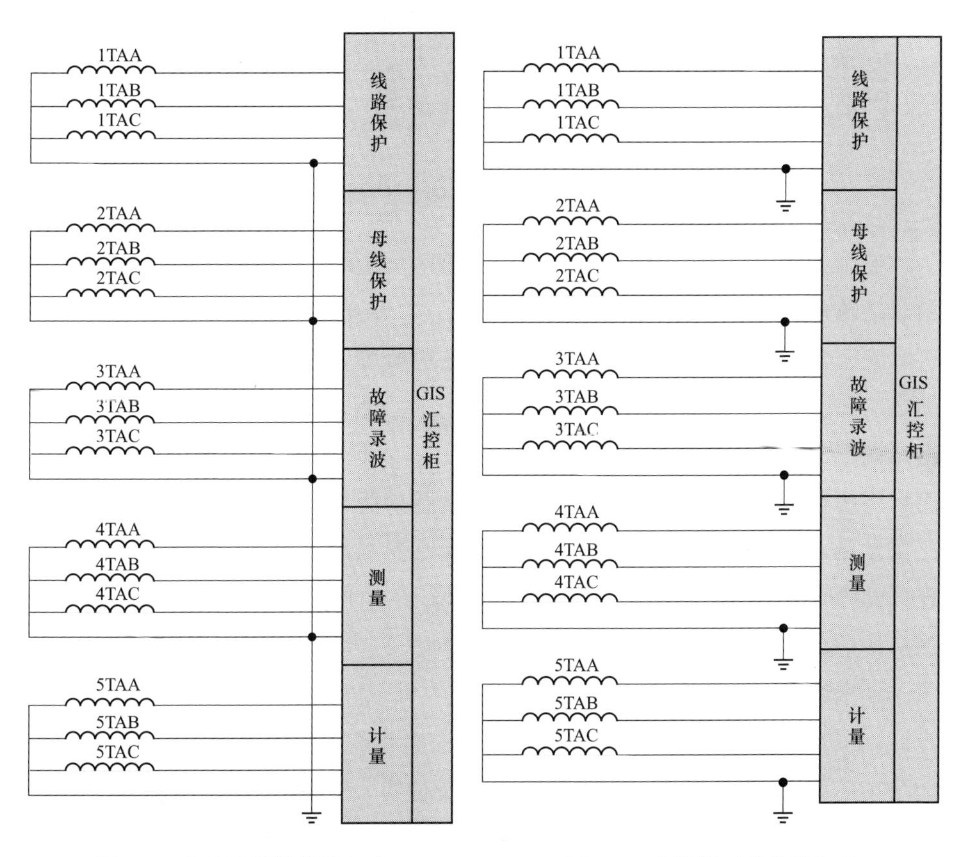

图1-6 中性线错误接线方式　　图1-7 中性线正确接线方式

1.2　备用电流互感器二次绕组应短接并一点接地

220kV 某新建变电站投产，在主变压器带负荷测试时，发现主变压器本体端子箱内变压器中压侧套管备用 TA 绕组接线端子排烧毁，经现场检查，发现变压器中压侧套管备用 TA 二次绕组没有短接，处于开路状态，如图 1-8 所示。

图 1-8　TA 开路烧毁端子排图

电流互感器的某一个绕组若为备用绕组，则要求把该绕组引至就地端子箱短接防止开路，并一点接地。若不短接，二次电流的去磁作用消失，其一次电流完全变为励磁电流，引起铁芯内磁通剧增，铁芯处于高度饱和状态，加之二次绕组的匝数很多，根据电磁感应定律 $E-4.44fNBS$，就会在二次绕组两端产生很高（甚至可达数千伏）的电压，不但可能损坏二次绕组的绝缘，而且将严重危及人身安全。再者，由于磁感应强度剧增，使铁芯损耗增大，严重发热，甚至烧坏绝缘。因此，电流互感器二次侧开路是绝对不允许的。现场的验收工作中，容易忽略变压器本体套管电流互感器备用绕组的短接和一点接地。

一个绕组有几种变比可以选择的情况，即一个绕组有几个抽头，绕组已经使用了其中两个抽头，剩下的抽头不属于备用绕组，不能短接也不能接地。如图 1-9 所示，此电流互感器绕组共有 4 个抽头，3 种变比，已经使用了 1S1-1S2（400/1）抽头，剩下的 1S3、1S4 抽头是备用抽头，但不是备用绕组，不能有任何的短接或接地。

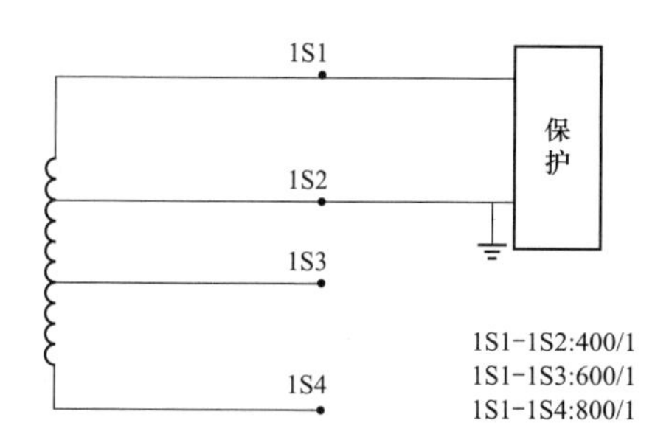

图 1-9 多变比抽头 TA 接线图

1.3 电流互感器二次回路和电流的一点接地

在某 500kV 变电站作业中，该站保护采用和电流接线方式，边断路器检修，中断路器运行。在边断路器电流互感器侧开展电流回路工作，为防止感应电压，在电流回路上执行二次安全措施，打开了和电流的端子连接片并将靠近电流互感器侧的端子短接接地。此时，流入保护装置的电流为运行断路器 5743 的正常负荷电流 I_2。工作结束后，恢复安全措施时，在未拆除临时短接线的情况下，恢复 A 相电流端子连接片，导致运行中的线路保护电流回路两点接地，流入保护装置的电流为 5743 断路器的负荷电流 I_2 和两点接地产生的电流 I_1 之和，进而造成 500kV 线路主Ⅰ保护零序反时限过电流及差动保护误动，如图 1-10 所示。

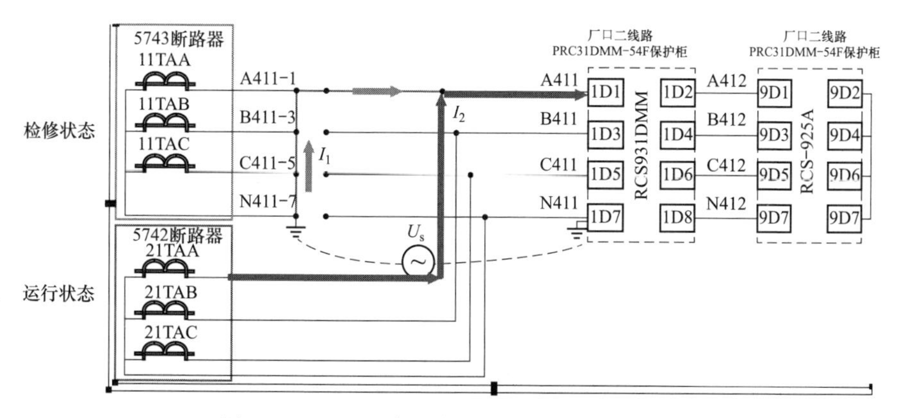

图 1-10 和电流多点接地造成保护误动示意图

如图 1-11 所示，由几组电流互感器绕组组合且有电路直接联系的回路，电流互感器二次回路应在第一级和电流处一点接地，可以防止任何一组电流回路断开时，都不会使运行中的电流回路失去接地点，同时满足电流互感器二次绕组应就近接地，防止高电压引入二次回路威胁设备与人身安全的要求。

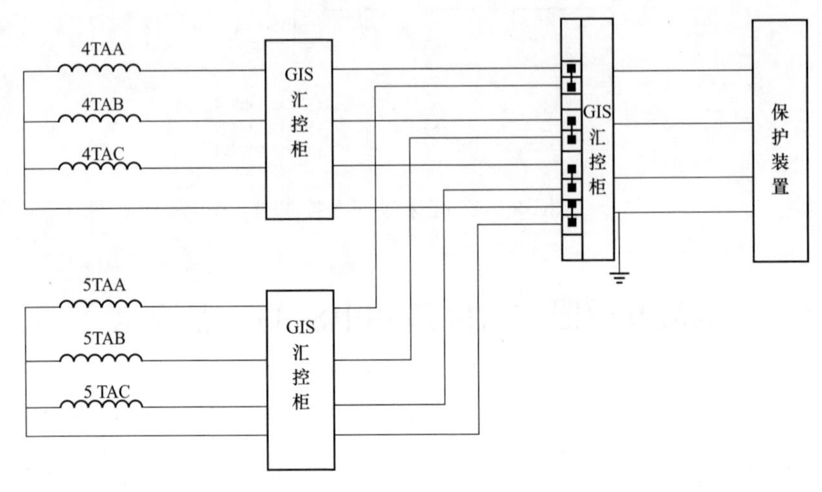

图 1-11　和电流正确接地示意图

1.4　保护用电流互感器绕组的暂态系数应大于 2.0

2011 年 4 月 25 日 17 时 42 分，鸡场变电站 110kV 鸡云线发生 A 相转三相转换性故障，如图 1-12 所示。

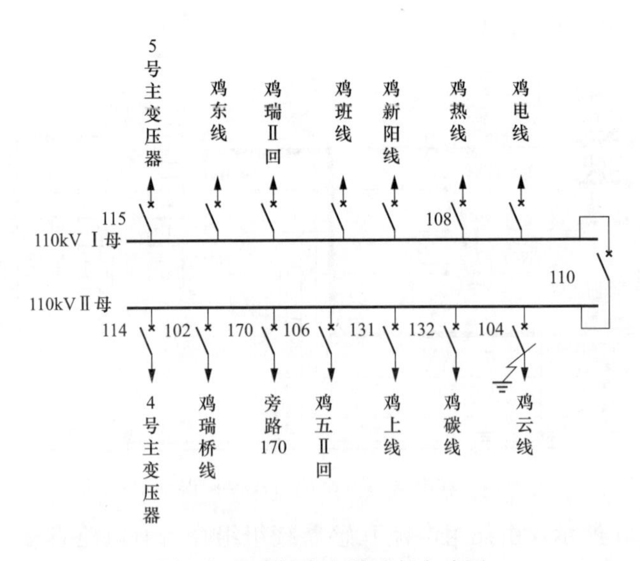

图 1-12　鸡场变电站运行方式图

鸡云线鸡场变电站侧保护 81ms 相间距离Ⅰ段保护动作，测距 6km；白云变电站侧保护未动作（白云变压器为负荷变压器，无电源）；58.3ms 鸡场变电站 110kV 母线差动保护（BP-2B）误动作跳 110kV Ⅱ母所有间隔。故障持续时间 99ms。

经检查，发现 110kV 母线差动保护误动作是由于鸡云线 TA 饱和、畸变，致使母线差动保护产生差流。通过故障录波图（见图 1-13），可以看出故障电流叠加非周期分量后导致电流发生偏移，并导致 B 相和 C 相发生饱和，B 相饱和程度较深，并且故障初期产生差流。

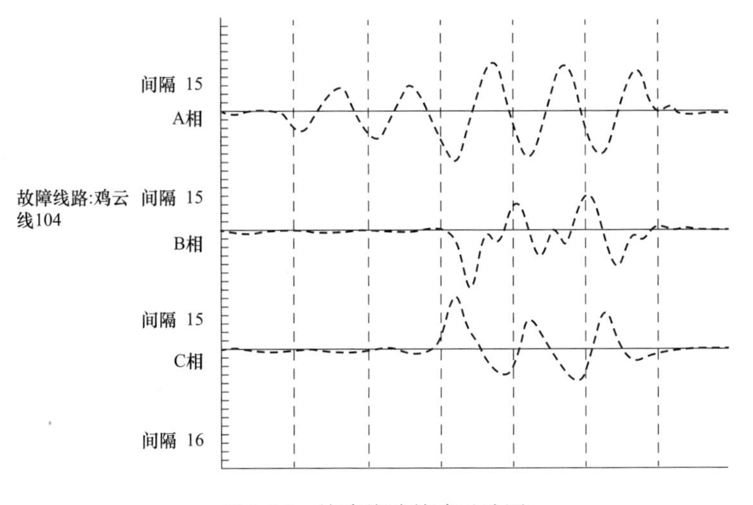

图 1-13　故障线路故障录波图

鸡云线故障时短路电流主要由 4 号和 5 号主变压器提供，通过对主变压器电流数据的分析，并结合 A 相短路电流，可以判断短路电流倍数约是 13～14 倍 I_n，TA 型号为 10P15，在 15 倍范围内。虽然 TA 的稳态特性基本满足要求，但是暂态特性不满足要求，导致 TA 暂态饱和。

暂态饱和是指在直流分量、非周期分量、剩磁等影响下 TA 迅速饱和，导致 TA 不能正确传变一次电流。为防范 220kV 及 110kV 电流互感器在暂态分量的影响下迅速饱和带来的运行风险，当一次短路电流大于或接近（达到 80%）电流互感器额定准确极限一次电流时，在暂态分量的影响下电流互感器急速饱和，要求电流互感器的暂态系数大于 2.0。

在验收时应测量并记录保护用的电流互感器二次负载、拐点电动势、电流互感器内阻等数据，并进行计算校核，严把设备并网关；没有相关数据且已运行的电流互感器，在定检工作时应进行参数测试及校核，完善电流互感器的相关数据。

对于实测量不满足要求的，可以通过调大变比的方式调整，调整后仍需测试电流互感器二次负载、拐点电动势、电流互感器内阻等数据。

电流互感器的校核可以参考以下典型方法，为方便表述，数据均以表 1-1 所列参数为例进行计算。

表 1-1　　校　核　参　数

参数名称	代号	参数	备注
额定电流比	K_N	600/5	
额定二次电流	I_{sN}	5A	
额定二次负载视在功率	S_{bN}	30VA（变比：600/5） 50VA（变比：1200/5）	不同二次绕组抽头 对应的视在功率不同
额定二次负载电阻	R_{bN}	1.2Ω	
二次负载电阻	R_b	0.38Ω	
二次绕组电阻	R_{ct}	0.45Ω	
准确级		10	
准确限值系数	K_{alf}	15	
实测拐点电动势	E_k	130V（变比：600/5） 260V（变比：1200/5）	不同二次绕组抽头 对应的拐点电动势不同
最大短路电流	I_{scmax}	10000A	

1.4.1　TA 额定二次极限电动势校核（用于核算 TA 是否满足铭牌保证值）

1. 计算二次极限电动势

$$E_{s1} = K_{alf} I_{sN}(R_{ct} + R_{bN}) = 15 \times 5 \times (0.45 + 1.2) = 123.75(V)$$

式中　E_{s1}——TA 额定二次极限电动势（稳态）；

K_{alf}——准确限值系数；

I_{sN}——额定二次电流；

R_{ct}——二次绕组电阻；

R_{bN}——TA 额定二次负载。

当二次绕组电阻有实测值时取实测值，无实测值时按下述方法取典型内阻值：

5A 产品：1～1500A/5A 产品取 0.5Ω；1500～4000A/5A 产品取 1.0Ω。

1A 产品：1～1500A/1A 产品取 6Ω；1500～4000A/1A 产品取 15Ω。

当通过改变 TA 二次绕组接线方式调大 TA 变比时，需要重新测量 TA 额定二次绕组电阻。

R_{bN}计算公式如下：

$$R_{bN}=S_{bN}/I_{sN}^2=30/25=1.2(\Omega)$$

式中 R_{bN}——TA 额定二次负载；

S_{bN}——额定二次负载视在功率；

I_{sN}——额定二次电流。

当通过改变 TA 二次绕组接线方式调大 TA 变比时，需要按新的二次绕组参数，重新计算 TA 额定二次负载。

2. 校核额定二次极限电动势

有实测拐点电动势时，额定二次极限电动势应小于实测拐点电动势。

$$E_{s1}=123.75\text{V}，E_k(\text{实测拐点电动势})=130\text{V}$$

$$E_{s1}<E_k$$

结论：TA 满足其铭牌保证值要求。

1.4.2 计算最大短路电流下 TA 的饱和裕度（用于核算在最大短路电流下 TA 的裕度是否满足要求）

1. 计算最大短路电流时的二次感应电动势

$$E_s=I_{scmax}/K_N(R_{ct}+R_b)=10000/600\times5\times(0.45+0.38)=69.16(\text{V})$$

式中 K_N——采用的电流互感器变比，当进行变比调整后，需用新变比重新进行校核；

I_{scmax}——最大短路电流；

R_{ct}——二次绕组电阻；

R_b——TA 实际二次负载电阻（此处取实测值 0.38Ω）。

当通过改变 TA 二次绕组接线方式调大 TA 变比时，应重新测量 TA 额定二次绕组电阻。

当 R_b 有实测值时取实测值，无实测值时可用估算值计算，估算值的计算方法如下：

$$R_b=R_{dl}+R_{zz}$$

式中 R_{dl}——二次电缆阻抗；

R_{zz}——二次装置阻抗。

二次电缆算例：

$$R_{dl} = \rho_{Cu} l/s = 1.75 \times 10^{-8} \times 200/2.5 \times 10^{-6} = 1.4(\Omega)$$

式中 ρ_{Cu}——铜的电阻率，取 $1.75\times10^{-8}\Omega \cdot m$；

l——电缆长度，以 200m 为例；

s——电缆芯截面积，以 $2.5mm^2$ 为例。

二次装置算例：

$$R_{zz} = S_{zz}/I_{zz} = 1/25 = 0.04(\Omega)$$

式中 R_{zz}——保护装置的额定负载值；

S_{zz}——保护装置的交流功率损耗，可查阅相关保护装置说明书中的技术参数，该处以 1VA 为例计算；

I_{zz}——保护装置的交流电流值，根据实际情况取 1A 或 5A，该处以 5A 为例计算。

以电流回路串联 $n=2$ 个装置为例，计算二次总负载为

$$R_b = R_{dl} + n \times R_{zz} = 1.4 + 2 \times 0.04 = 1.48(\Omega)$$

2. 计算最大短路电流时的暂态系数

$$K_{td} = E_k/E_s = 130/69.16V = 1.88 < 2.0(\text{要求的暂态系数})$$

式中 K_{td}——二次暂态系数，要求达到 2.0 以上；

E_k——实测拐点电动势，若现场无实测拐点电动势数据，可先用二次极限电动势代替进行校核；

E_s——二次感应电动势。

当通过改变 TA 二次绕组接线方式调大 TA 变比时，需重新测量 TA 拐点电动势，并重新进行校核。

结论：TA 的裕度小于 2 倍暂态系数要求，TA 的裕度不满足要求。

另外现场经常出现保护用电流回路误接电流互感器的计量或测量绕组，导致保护区外故障误动、区内故障延时动作或拒动的严重后果，虽然 TA 伏安特性试验可以区分保护绕组、计量绕组、测量绕组，但是由于施工现场存在电流互感器试验人员、二次接线人员、保护调试人员相互之间沟通不畅或电流互感器实际绕组排列与铭牌不符的现象，再加上设计错误等原因使得现场不能有效防止保护用电流回路误接电流互感器的计量绕组、测量绕组的问

题发生，现场一般可以使用下列方法有效防止保护用电流回路误接电流互感器的计量绕组、测量绕组。

实施方法：验收时，在保护屏端子排处将保护用电流回路试验端子打开，并将电缆侧的接地点解开，确保电流回路电缆对地绝缘良好，然后在端子排电缆侧分相向电流互感器做伏安特性试验，测试电流互感器饱和电压的数值，并与电流互感器独立测试时的数据比对，最终确认该保护所接电流互感器绕组是否正确。

这种方法可以有效防止保护用电流回路误接电流互感器的计量绕组、测量绕组的问题发生，不管是接线错误、设计错误，还是铭牌错误，均可以被发现。

同时要注意500kV线路保护用电流互感器二次绕组宜选用TPY级绕组，500kV断路器失灵保护可选用TPS级或5P级等二次电流可较快衰减的电流互感器，不宜使用TPY级。

500kV系统由于一次时间常数较大（100ms以上），电流互感器暂态饱和可能较严重，由此导致保护误动或拒动的后果严重。因此，除保护装置本身能保证不受电流互感器暂态饱和影响的情况外，所选电流互感器应能满足暂态性能要求。TPY级和TPZ级电流互感器铁芯带有气隙，因而磁阻较大，增长了电流互感器到达饱和的时间，不易饱和，即有更长的时间可保持线性转换传变关系，使暂态特性得到大大改善。根据IEC标准，TPY级电流互感器的剩磁通不大于10%饱和磁通，剩磁通的减少有利于暂态特性的改善，因而TPY级电流互感器可在准确限值条件下保证全电流的最大峰值瞬时误差$\varepsilon=10\%$；TPZ级电流互感器仅保证交流分量的最大峰值瞬时误差$\varepsilon_{ac}=10\%$，无直流分量误差限值要求，剩磁通实际上可以忽略。因而TPZ级电流互感器仅能进行交流分量的传变，用于仅需反应交流分量的保护装置，不能保证低频分量误差且励磁阻抗过低，因而不推荐用于发电机组等主设备保护和断路器失灵保护。因此，TPY级电流互感器铁芯带有适当气隙，剩磁通限制到适当值以下（为饱和磁通值的10%以下），在规定的准确限值条件下能保证全电流的峰值瞬时误差在10%以下，具有较好的暂态特性，更适用于500kV线路保护、发电机变压器组保护与发电机组保护。但由于TPY级电流互感器剩磁通控制较小的原因，从饱和到剩磁通的过渡期间，二次回路的电流持续时间较长，因而不适用于断路器失灵保护。

TPS级电流互感器属于低漏磁型，而且匝数比易控制，但对剩磁通没有一个规定限值，所以TPS级电流互感器在饱和情况下切断一次电流时，二次回路电流隧从饱和状态降到剩磁通值而很快衰减。由于失灵保护的电流继电器要求启动精确、复位时间快，所以选用TPS级电流互感器比较合适。

P级电流互感器的绕组一般有5P20、10P20、5P40等类型。以5P20为例，它表示该电流互感器在一次侧流过20倍的稳态对称的额定电流时，该电流互感器的综合误差不大于5%，也是比较精确的电流互感器。

1.5　独立式电流互感器应合理选择等电位点安装位置

2011年4月17日5时35分39秒，500kV ××站5013电流互感器发生C相故障，500kV 2号母线和沙来线跳闸。该区域正好位于母线差动保护范围内、线路保护范围外，母线保护动作出口跳开连接于本母线的所有开关。当所有边断路器跳开后，故障点依然存在，由死区保护动作跳开所有相邻开关。故障点及电流互感器配置如图1-14所示。

如图1-15所示，对于独立式电流互感器，其一次部分由两根导电杆组成，通过外部的一次换接排的不同接法可以得到串并联两种连接方式，所有换接排中有一块直角形，它装在哪一侧，那一侧就是等电位点。下面结合图1-15将串并联情况做一个详细描述。

1. 串联情况

串联时一次绕组电流方向：一次端子排L1端→一次导电杆L1端→一次导电杆C2端→外壳→一次导电杆C1端→一次导电杆L2端→一次端子排L2端。外壳在串联时作为导体，所以不存在等电位连接问题，如图1-16所示。

2. 并联情况

并联时一次绕组电流方向：一次端子排L1端→一次导电杆L1端及一次导电杆C1端→一次导电杆C2端及一次导电杆L2端→一次端子排L2端。在并联时，外壳不作为导体，通过C2侧的直角换接排做等电位连接，由于L2和C2在同侧，所以L2端为等电位连接点。如果不做特殊要求，厂家一般将L2侧作为等电位点，如图1-17所示。

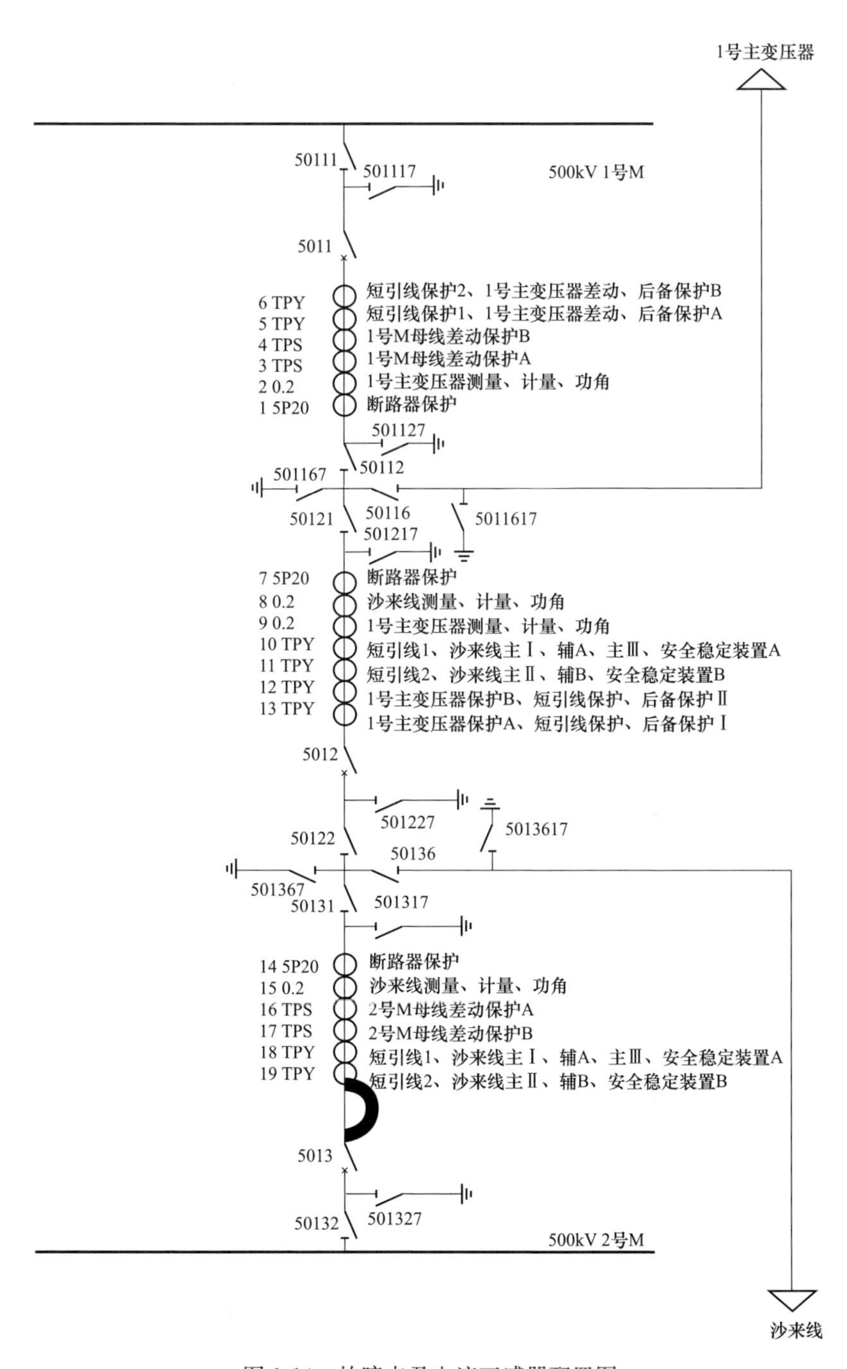

图 1-14 故障点及电流互感器配置图

由以上分析可知，当一次导体为 2 匝串联时，不存在等电位连接问题，但是当一次导体为 2 匝并联时，存在等电位的选择问题。

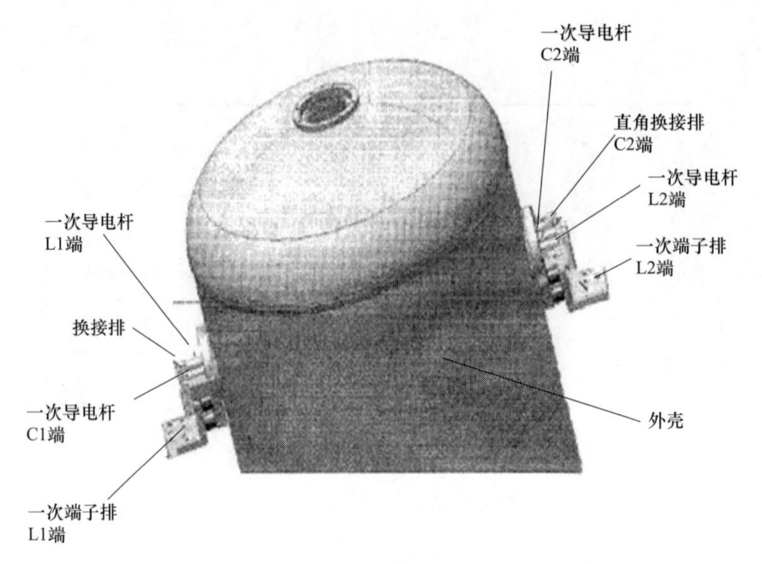

图 1-15 电流互感器

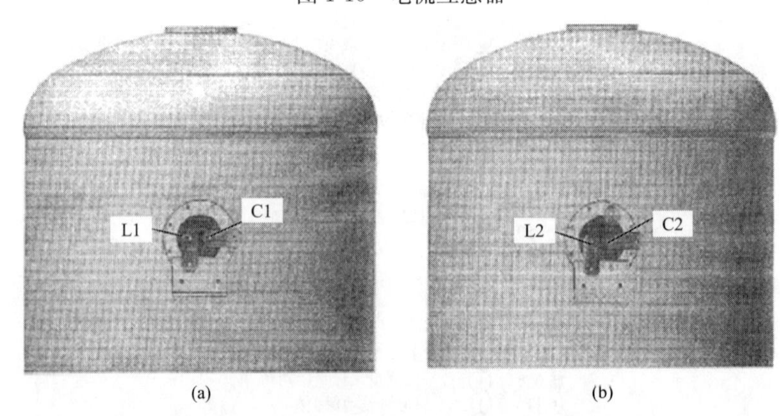

图 1-16 电流互感器一次串联接线图

（a）串联时的 L1 端；（b）串联时的 L2 端

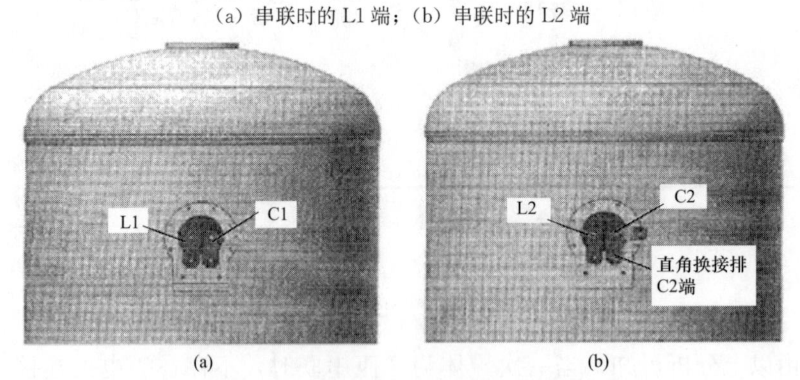

图 1-17 电流互感器一次并联接线图

（a）并联时的 L1 端；（b）并联时的 L2 端

一次导体为2匝并联（或1匝）的独立式TA，故障时（外绝缘及内部绝缘故障），故障电流经由一次导体与外壳的等电位连接点入地，TA等电位连接点如在TA的断路器侧，则故障电流无法快速切除，会导致跳闸范围扩大，TA受损程度增大。因此一次导体为2匝并联（或1匝）的TA要正确设置等电位点。等电位点实际上就是电流互感器故障时，故障电流流入大地的入地点。等电位点的安装位置不同，保护的保护范围就不同，可能存在死区的可能。

一次导体为2匝并联（或1匝）的独立式TA，等电位点设置如下：

（1）3/2接线的边断路器TA（母线→断路器→TA→线路），等电位连接点应在TA的线路侧，如图1-18所示。电流互感器故障时，属于线路保护的动作范围，线路保护动作后，切除故障，隔离故障点。若等电位点选在靠近断路器侧，则电流互感器故障时，属于母线保护范围，母线差动保护动作，跳开边断路器，但故障点并没有隔离，需要死区保护或失灵保护动作隔离故障点，扩大了跳闸范围。

（2）3/2接线不完整串断路器TA（母线→TA→断路器→线路），TA一次导体等电位连接点应在TA的母线侧，如图1-19所示。电流互感器故障时，属于母线保护范围，母线差动保护动作，跳开断路器，隔离故障点。若等电位点选择在靠近断路器侧，则故障属于线路保护范围，线路保护跳闸切除断路器后，故障点没有隔离，需要失灵保护或死区保护动作隔离故障点，扩大了跳闸范围。

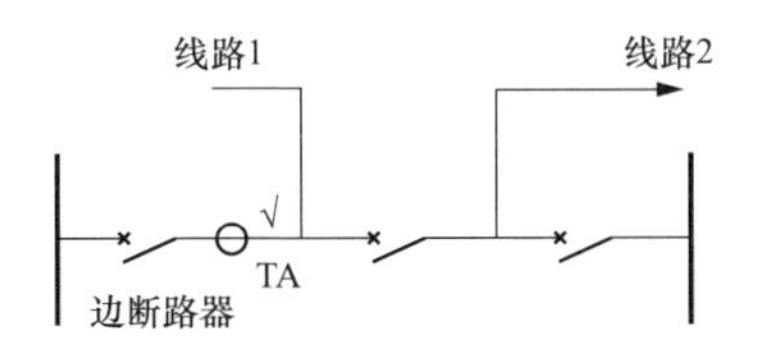

图1-18 3/2接线的边断路器电流互感器等电位点设置图

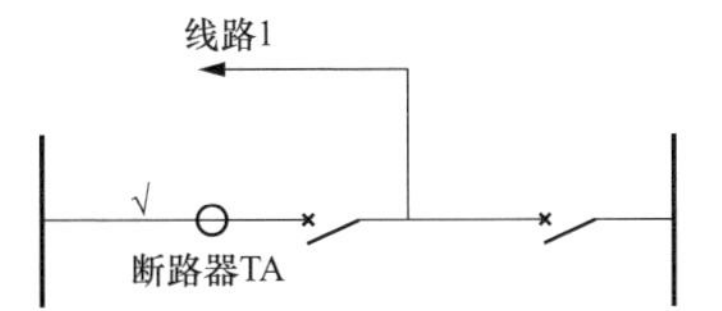

图1-19 3/2接线不完整串电流互感器等电位点设置图

（3）3/2接线的中断路器TA（单TA配置），等电位连接点应在TA的线路侧，如图1-20所示。电流互感器故障时，属于线路保护Ⅰ的动作范围，线路保护Ⅰ动作后，切除故障，隔离故障点。若等电位点选择在靠近中断路器侧，则

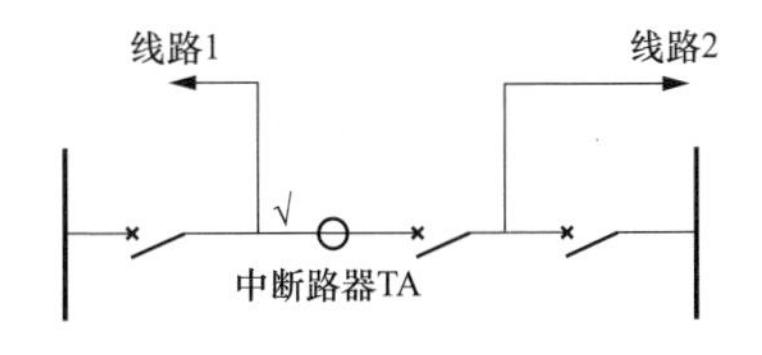

图1-20 3/2接线中断路器电流互感器等电位点设置图（单侧互感器）

电流互感器故障时，属于线路保护Ⅱ的动作范围，线路保护Ⅱ动作后，故障点没有隔离，需要失灵保护或死区保护动作隔离故障点，扩大了跳闸范围。

（4）3/2 接线的中断路器 TA（双 TA 配置），线路 1 与线路 2 的中断路器 TA 保护范围交叉时，等电位连接点在 TA 线路侧和 TA 断路器侧都不存在问题，如图 1-21 所示。

（5）非 3/2 接线的 TA 等电位点在线路侧，如图 1-22 所示。电流互感器故障时，属于线路保护的动作范围，线路保护动作后，切除故障，隔离故障点。若等电位点选择在靠近断路器侧，则属于母线保护范围，母线差动保护动作，跳开此母线上的所有开关，同时远跳线路对侧断路器。虽然也可以隔离故障，但相比线路保护动作隔离故障，扩大了跳闸范围。

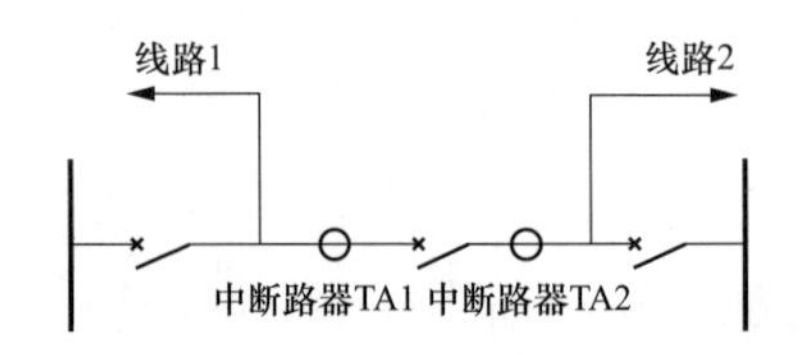

图 1-21　3/2 接线中断路器电流互感器等电位点设置图（双侧互感器）

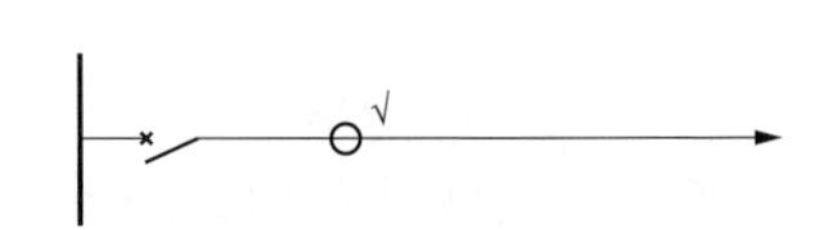

图 1-22　非 3/2 接线的电流互感器等电位点设置图

1.6　电流二次回路不可采用压敏电阻及二次过电压保护器作为开路的保护措施

2010 年 9 月 12 日，某水电站 500kV 1、2 号主变压器联合单元高压侧断路器汇控柜 C 相 TA23-4 绕组二次过电压保护器的压敏电阻损坏，导致过电压保护器动作，短接了 500kV 1 号主变压器 A 套差动保护 C 相电流，引起 1 号主变压器 A 套差动保护动作，跳开三侧断路器。如图 1-23 所示，NYD1 为二次过电压保护器，1、2、3、4 端子分别接入 TA 第一绕组的 A、B、C、N 相，当其内部压敏电阻损坏时，导致 C 相绕组短路。

电流互感器使用二次过电压保护器的大都采用氧化锌避雷器、陶瓷放电管及空气间隙，只有少数采用压敏电阻过电压保护器。二次过电压保护器压敏电阻损坏，易导致过电压保护动作，短接电流回路，引起保护误动。因此电流互感器二次绕组不可采用压敏电阻及二次过电压保护器作为电流二次回路开路的保护措施。

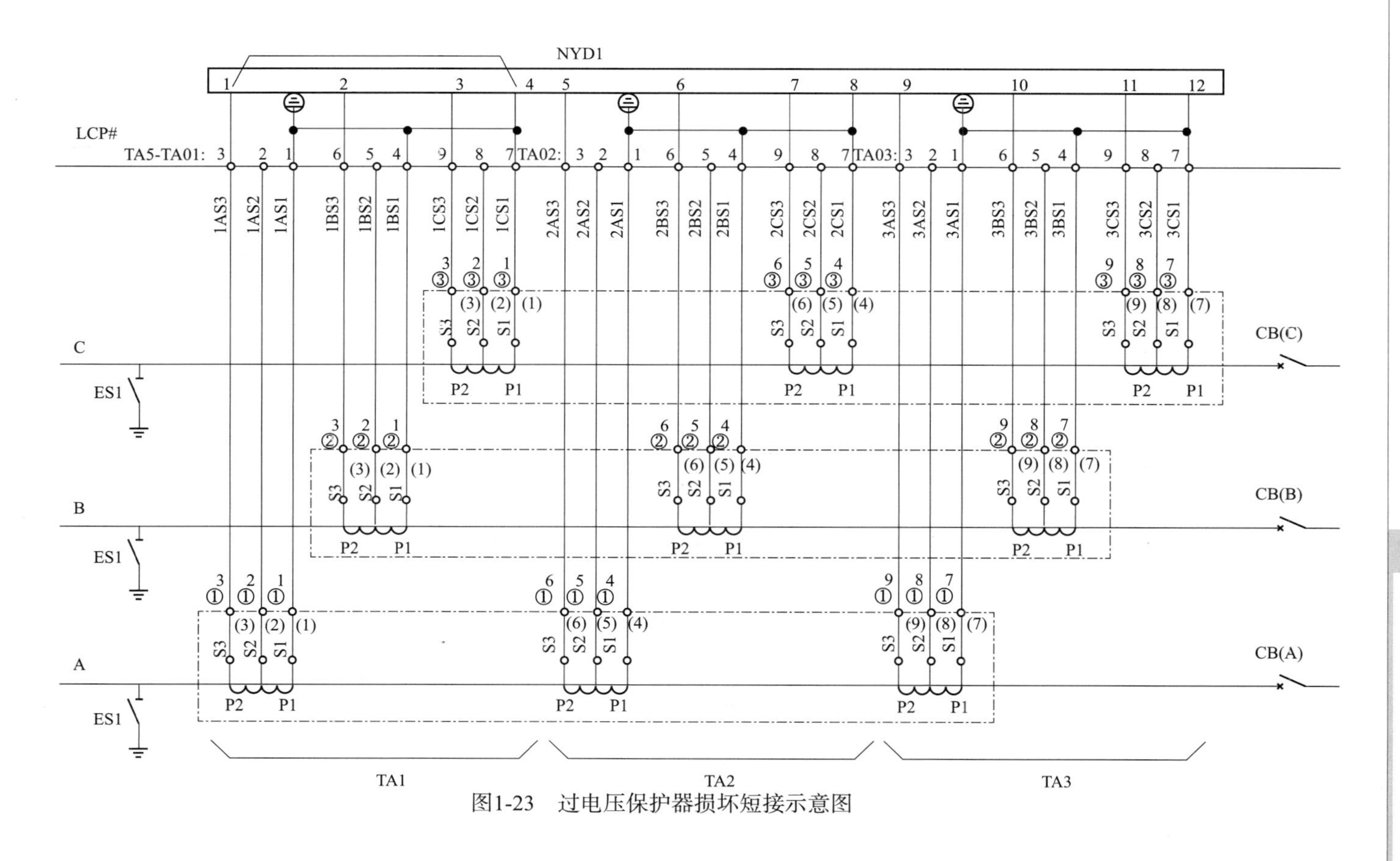

图1-23 过电压保护器损坏短接示意图

1.7 电流互感器二次接线盒内应保证接线柱之间及外壳与接线柱有足够的安全距离

2019年12月10日，在110kV ××变电站10kV 2M开关柜更换后验收过程中，对2号主变压器低压侧502开关柜10kV TA进行绝缘电阻测试及变比检查时，发现差动保护、后备保护、备自投、测控、计量绕组绝缘为0。此外，在进行变比检查时，通过升流仪加一次电流240A，保护装置上查看保护及测控电流时均无显示，用钳形电流表测量接线电流时，也无电流数据显示。后经检查发现，由于2号主变压器低压侧502开关柜TA接线过于紧凑密集，导致接线端子金属端相互接触，从而形成短路，如图1-24所示，因此导致绝缘电阻测试时无电阻，变比检查时后台装置显示无电流。

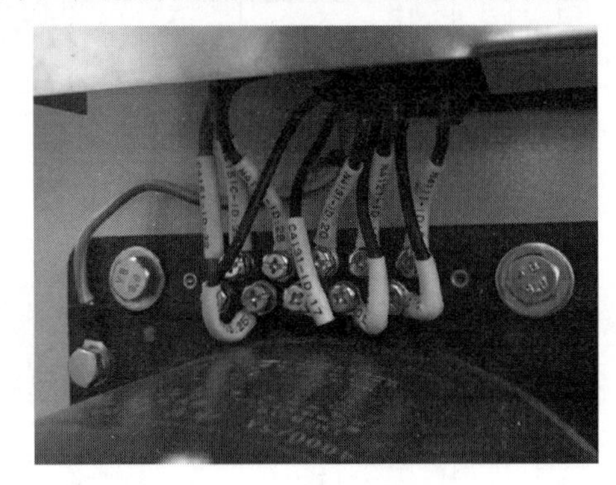

图1-24 TA接线柱

TA在验收投产前，应检查二次接线盒内接线柱之间及外壳与接线柱有足够的安全距离，二次接线的施工工艺符合要求，避免二次绕组短路或接地。

1.8 电流二次回路电流芯应避免转接，且使用符合要求截面的导线

两端子间的连接必须使用同一根电缆芯，TA和TV二次绕组接线端子与端子箱、端子箱与端子箱（端子排）之间均必须用一条完整的电缆（芯）连接，该条电缆（芯）不允许出现中间接口、转接，且电流互感器的二次回路应采取防止开路的措施，TA和TV二次绕组接线要求如图1-25所示。

保护设备端子排到保护装置内部的电流配线的额定电压为1000V，应采用防潮隔热和防火的交联聚乙烯绝缘多股铜绞线，截面积不应小于2.5mm^2，

同时应采用冷压接端头，冷压连接应牢靠、接触良好。

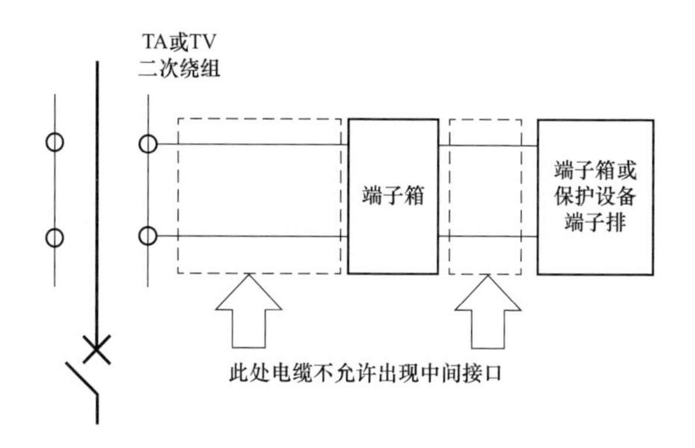

图 1-25 TA 和 TV 二次绕组接线要求

电流二次回路电缆应采用独立的 ZRA-KVVP2/22 电缆（阻燃等级为 A，聚氯乙烯绝缘铜带屏蔽双钢带铠装电缆），芯的截面积不应小于 2.5mm²，同时电流回路电缆截面还应根据电流互感器的 10%误差曲线进行校验，特别是在差动保护中，如果电缆芯线的截面过小，可能造成误差过大，导致保护误动作。

同一组电流回路的三相和中性线必须使用独立的一根电缆。

1.9 电流互感器安装调试要求

2014 年 12 月 15 日 8 时 1 分 39 秒，220kV ××变电站 2 号主变压器保护动作，220kV 2 号主变压器第二套保护纵差比率差动保护 58ms 动作，跳主变压器三侧 202、102、302 断路器。

事件发生后，××地调保护组收集 220kV ××变电站主变压器故障录波信息、2 号主变压器第一套和第二套保护录波图、110kV 线路保护故障信息。经过对比发现，在 220kV ××变电站主变压器故障录波的同时，××Ⅱ回线路发生 B 相故障，导致主变压器 B 相有较大区外故障电流流过。2 号主变压器第二套保护比率差动保护动作，差动电流值为 1653.37A（3.5I_e），故障录波的故障相别为 B 相。2 号主变压器第一套保护差流值基本为 0A，因此可以初步判断为：由于区外故障引起主变压器稳态比率差动保护动作。

2 号主变压器第二套保护的保护信息中故障时 B 相电流如图 1-26 所示。

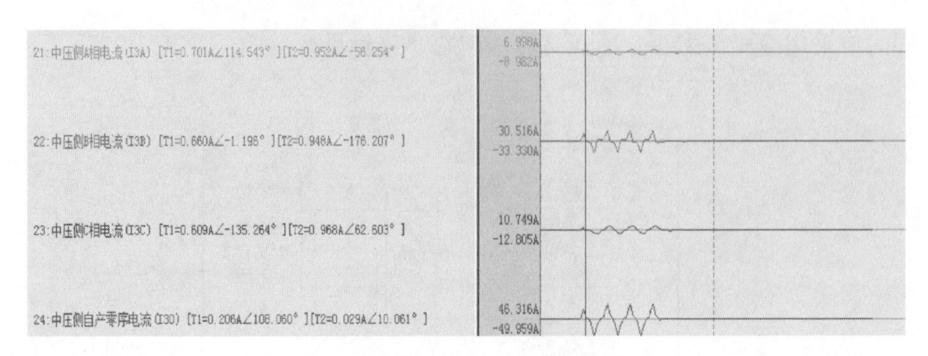

图 1-26　第二套保护中压侧电流

从电流波形的角度分析，2 号主变压器中压侧 B 相电流曲线呈锯齿波形，A、C 两相电流波形平滑，进一步判断为区外故障引起 B 相 TA 饱和，TA 饱和后导致变压器稳态比率差动保护动作。通过对以上信息的分析，此次事件是由于 2 号主变压器 110kV 侧 TA 饱和使得第二套保护稳态比率差动保护动作。

梳理 2 号主变压器 110kV 侧电流回路的保护配置情况，如图 1-27 所示。

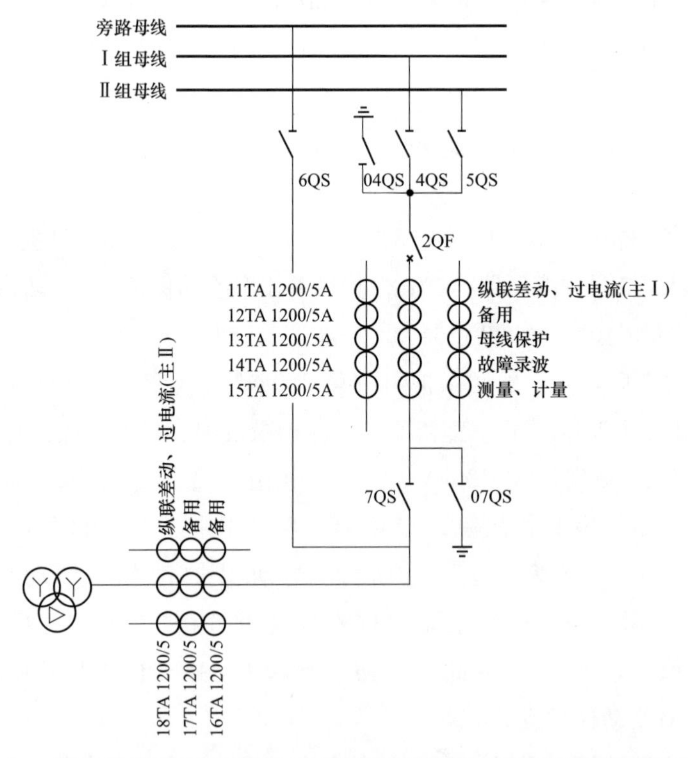

图 1-27　2 号主变压器 110kV 侧电流回路的保护配置情况

2号主变压器第一套保护采用110kV进线断路器TA，第二套保护采用主变压器110kV套管TA。为了进一步确定是否是由于TA饱和引起主变压器保护动作，现场对进线断路器TA和套管TA进行伏安特性测试，从数据上可以看出：进线断路器TA A、B、C三相电流互感器的伏安特性拐点电压为230～252V，满足保护抗饱和能力；而进线套管TA A、B、C三相电流互感器的伏安特性拐点电压均为17～18V，当110kV系统发生穿越性故障时，穿越性电流很容易使得该TA饱和。

现场对中压侧套管TA回路二次接线（见图1-28）进行核实时发现，2号主变压器第二套保护接入至测量级的二次绕组（抽头标记1—5，见图1-29）。

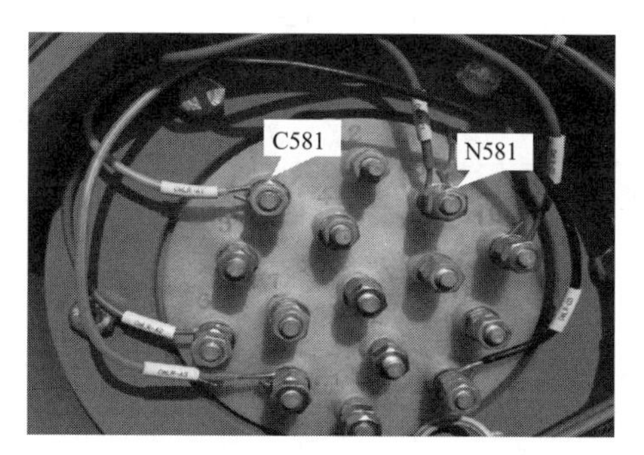

图1-28 套管TA接线盒接线示意图

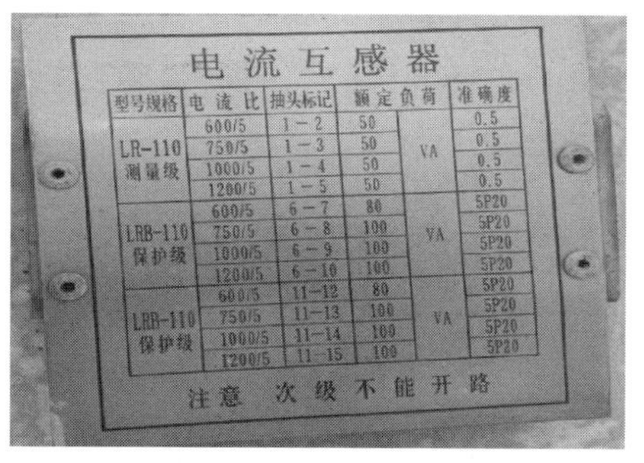

图1-29 套管TA铭牌参数

分析事故原因如下：

（1）设计图纸存在错误，存在图实不符的问题，误将保护用电流回路设计接至测量绕组；

（2）施工人员未认真核对设计图与实际变压器厂家配线，凭经验及接线图施工接线；

（3）供电局参加验收人员存在有章不循的现象，未按照新设备投运验收规范的相关要求，结合设计图纸、厂家说明书、实际设备铭牌及现场试验报告核实实际接线，导致验收阶段仍然没有消除回路错误的隐患。

如何避免以上风险，具体应做到以下几点：

（1）极性的正确性。TA极性的判断应综合一次侧极性的朝向和二次绕组的抽头方式。一次侧极性的朝向不同，二次绕组的实际排列位置也随之不同。如图1-30所示，一次侧P1靠母线侧与P2靠母线侧两种情况，二次绕组的排列位置不一样。如果验收时没有认真核对，将会出现绕组的准确级用错或出现保护的死区。特别要注意线路保护两侧断路器极性的一致性（例如均有母线至线路）、主变压器各侧断路器极性的一致性（例如均有母线至主变压器）、母线差动保护所有元器件极性的一致性，需要特别提醒的是，母联或分段TA极性应根据各母线差动保护的要求进行配置。极性的正确性可以通过点极性试验和带负荷测试来检验。

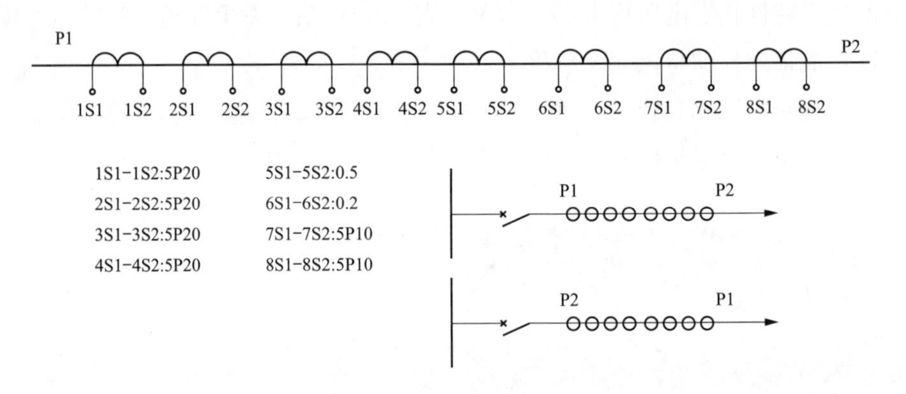

图 1-30　电流互感器二次绕组示意图

（2）TA变比使用应正确。运行中的继电保护、安全自动装置、测量电能等二次设备串接在电流互感器的二次绕组电流回路中，实时采样的电流量实际为经过变换后的二次电流，而非直接采集的一次电流量，因此电流互感器的变比直接关系到所有二次设备装置采样电流值的正确性，TA变比的正确性可以通过一次升流的方式进行确认。需要注意的是，一次绕组具备串并联方式可调的电流互感器，未正确调整一次与二次绕组接线方式造成变比错误，存在保护不正确动作或设备运行异常的风险。一次绕组具备串并联方式可调的电流互感器，当一次绕组采用串联方式和并联方式时，电流互感器的实际变比不同。即该电流互感器在流过同样大小的一次电流值时，采用串联方式下的二次电流输出值是采用并联方式下的二次电流输出值的两倍。所以同一型号及参数的电流互感器，一次绕组的接线方式选择不同，直接造成TA变比不一致，存在保护不正确动作或设备运行异常的风险。TA变比的正确性可以通过升流和带负荷测试来检验。

（3）TA二次绕组配置应正确。新更换的或投产的电流互感器应认真核对保护装置、测量和计量用的二次绕组配置是否合理，保护装置、安全自动装置、故障录波装置、行波测距装置等应使用保护绕组，相量测量装置（PMU）

应使用测量绕组，特别要防止保护装置使用计量或测量绕组。在绕组数量有限需要串接多个装置时，应按照重要性的原则，按保护装置、安全自动装置、故障录波装置的顺序串接。

新建变电站或新更换的电流互感器，500kV边断路器绕组数量不少于7组（2个TPY级，3个5P级，1个0.2级，1个0.5级），中断路器绕组数量不少于9组（4个TPY级，3个5P级，1个0.2级，1个0.5级）；220kV电流互感器绕组数量不少于8组（6个5P级，1个0.2级，1个0.5级）；110kV电流互感器绕组数量不少于5组（3个5P级，1个0.2级，1个0.5级）。

为防止主保护存在动作死区，两个相邻设备之间的保护范围应交叉；同时应避免当一套保护停用时，出现被保护区内故障时的保护死区。线路保护、变压器保护必须与母线保护的保护范围相互交叉，运行中应不存在保护死区，并使得线路保护、主变压器保护、母线保护的保护范围最大；为防止电流互感器二次绕组内部故障时，该断路器跳闸后故障仍无法切除或断路器失灵保护因无法感受到故障电流而拒动，断路器保护使用的二次绕组应位于两个相邻设备保护装置使用的二次绕组之间。

TA二次绕组的配置可结合电流互感器一次升流实验验证变比的同时，分别短接每相电流互感器的每个绕组，对应短接的绕组应没有电流，以检查每个绕组使用的正确性和整个电流回路的完整性。同时，验收人员应查阅TA铭牌和TA特性测试报告辅助判断TA二次绕组配置的正确性。

总之，在电流互感器安装调试时应进行电流互感器出线端子标志检验，核实每个电流互感器二次绕组的实际排列位置与电流互感器铭牌上的标志、施工设计图纸是否一致，防止电流互感器绕组图实不符引起的接线错误。新投产的工程应认真检查各类继电保护装置用电流互感器二次绕组的配置是否合理，防止存在保护动作死区。以上检验记录须经工作负责人签字，作为工程竣工资料存档。

保护人员应结合电流互感器一次升流试验，检查每套保护装置使用的二次绕组和整个回路接线的正确性。

电流互感器二次绕组更改接线后，按相关规程规定做好带负荷测试及图纸修改等工作，确认无误后方可将保护装置投入运行。

1.10 避免两相式牵引供电线路保护死区

两相式牵引供电线路非供电相（C 相）母线侧隔离开关、断路器在合闸位置，线路保护按 A、B 两相运行整定，未计入 C 相电流，发生 C 相线路侧单相接地故障时，无主保护切除故障。如图 1-31 所示，220kV GIS 配电装置牵引供电线路，A、B 相为供电相，正常运行时三相母线侧隔离开关、断路器、线路侧隔离开关处于合闸状态。C 相导线已接至龙门架，保护配置运行存在主保护死区风险（C 相导线即使不接至龙门架，只要断路器在合闸位置，保护就存在死区），当牵引线路 C 相发生线路侧单相接地故障时，母线差动保护及线路保护均不能快速动作切除故障。

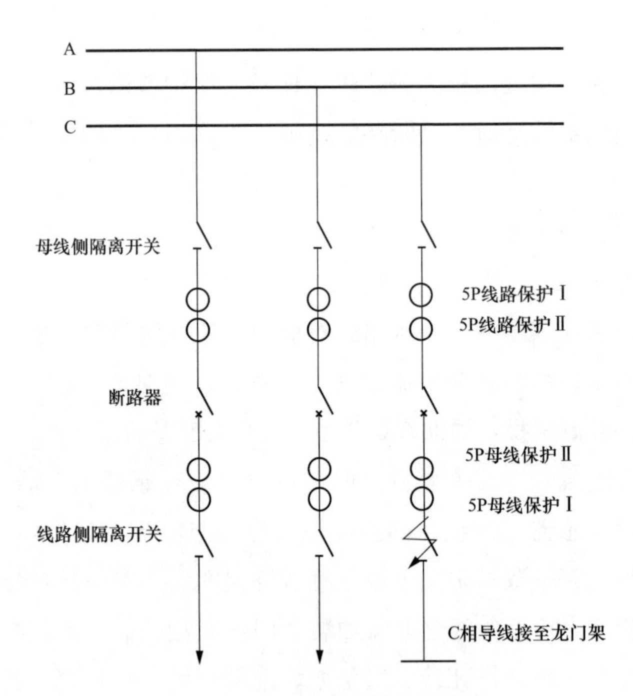

图 1-31　两相式牵引供电线路图

现场可结合实际采取扩大母线保护范围（封非供电相 TA，非供电相线路过长时不建议采用）、线路保护按三相供电方式整定、断开非供电相母线侧隔离开关或断路器等临时措施，避免故障不能快速切除风险。

1.11 在电流回路的工作应避免误加量导致保护的误动

（1）电流回路串接多个设备，回路上加量时，应有效做好安全措施。在回路串接多个设备中工作时，必须清楚一、二次设备的运行状态和每个电流绕组的电流走向，完全隔离检修设备与串接的其他设备，避免造成保护的误动作，切除运行中的断路器。

案例1：2006年3月9日，检修人员在保护定检时，在未确认安全措施的情况下，仍继续进行保护调试试验，在做传动试验时将保护试验仪电流经检修保护加至安全自动装置，如图1-32所示。稳控装置设置有该线过载切机功能，误加电流期间判别线路过载动作切机，误切4台共862MW机组。

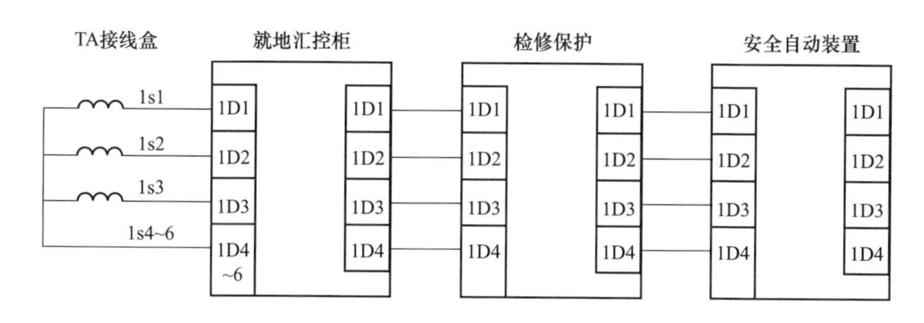

图1-32 电流回路走向图

案例2：2012年6月27日17时28分47秒，500kV ××变电站××线无故障时，线路主Ⅱ保护零序反时限过电流保护动作，跳开该变电站5763、5762断路器三相。现场经检查，发现500kV ××变电站在进行安全自动装置（B套）程序升级、改接线、单站调试工作期间，因工作人员将连接上、下连接片的螺栓拧出过多，致使上、下连接片分离，只有上连接片滑动到位，下连接片未跟随滑动，故未有效划开安全稳定装置500kV ××线电流回路使用的试验端子连接片。零序电流经TA接地点→主Ⅱ保护电流N相→安全稳定装置电流N相→实验仪电流N相→实验仪电压N相→TV接地点形成闭合通路，如图1-33所示，导致500kV ××线主Ⅱ保护电流回路两点接地，产生的零序电流造成线路保护零序反时限动作。

（2）电流回路加量时，应认真核对一次设备的运行状态，避免误加量导致设备的跳闸。如图1-34所示，线路甲侧在运行状态，乙侧在冷备用状态，实验人员在就地汇控柜用互感器测试仪测量电流回路二次负载时，试验电流进入保护装置后产生差流，导致线路差动保护误动作，造成对侧运行的断路器跳闸。

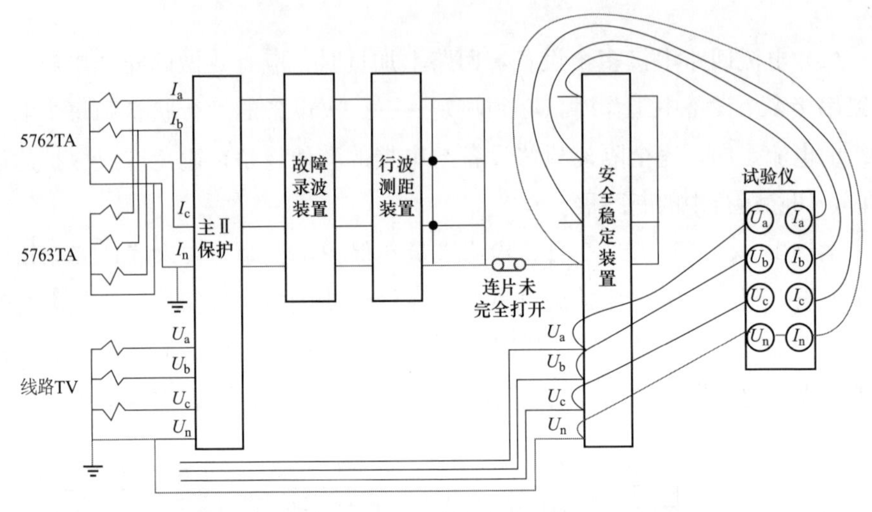

图 1-33　零序电流走向图

（3）电流回路加量时，应注意停电设备的运行回路，即区分运行设备和运行回路的区别。主变压器停电，但主变压器保护启动失灵，联跳母联和分段，闭锁安全自动设备的相关二次回路在运行；500kV 断路器停电，但失灵联跳相邻断路器回路在运行；500kV 线路（主变压器）停电，中断路器是停电的，但是其部分二次绕组接入另外一个运行间隔保护的情况，应视为运行绕组，因此电流回路加量时应先隔离相关二次回路。例如在主变压器高压侧中性点间隙零序电流互感器更换工作中，主变压器本体及三侧断路器都已经转为检修状态，现场负责人在做间隙零序电流互感器升流实验时，未采取其他隔离措施，将电流直接从互感器本体加入主变压器保护中，导致间隙过电流保护动作，误跳了运行中的母联断路器，如图 1-35 所示。

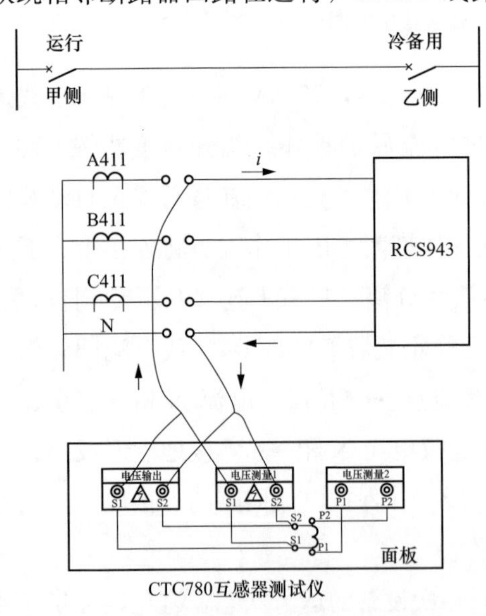

图 1-34　实验接线图

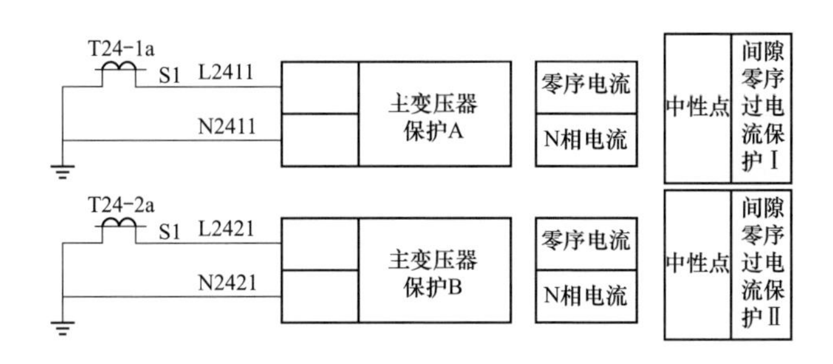

图 1-35　主变压器零序电流回路图

（4）线路保护更换工作结束前，对电流回路检查是一项必须进行的工作，目的是检查电流二次回路是否存在开路、短路、相序错误等情况，通常采用二次通流的方法来检查。

线路保护二次通流一般的做法是在间隔的开关端子箱处用校验仪向保护回路通入电流进行检查，不过该方法有两个弊端：首先，实验仪本身自重较大移动费力、高压场地交流电源取用不便，费时费力；其次，以更换 220kV 线路保护为例，现场的停电情况一般是 220kV 线路，但对母线差动保护、安全自动装置等设备而言其在运行状态，在开关端子箱内电流回路编号存在错误或核对不仔细的情况下，有可能将电流通入母线差动保护、安全自动装置等设备的交流回路，存在导致保护误动的风险。为避免上述问题，结合现场实际，总结出另外一种通流方法，实施过程如图 1-36 所示。

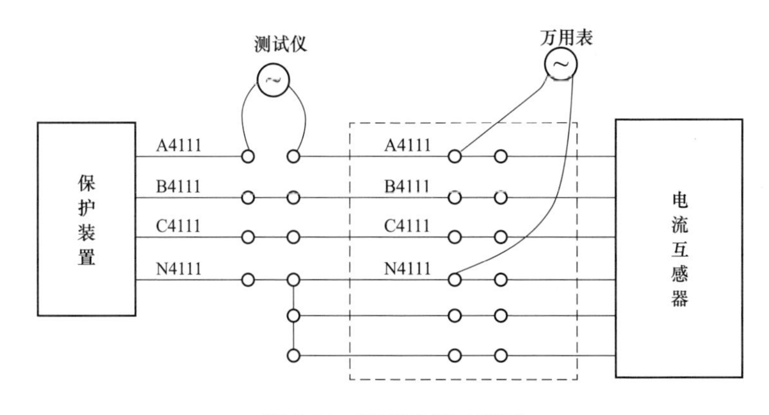

图 1-36　测试接线示意图

将测试仪置于线路保护屏旁，以检查 A 相电流回路为例，断开保护装置 A 相电流端子连接片，将测试仪的 A、N 两相试验线分别插入电流端子的两端，通入采样电流，这时虽然电流回路没有开路但电流互感器的二次内阻对交流呈高阻抗，测试仪可能会产生电流开路报警，此时配合人员在端子箱处，将万用表切至电流挡，两表笔分别搭接回路编号为 A4111 和 N4111 两个端子，测试仪、保护装置电流回路电缆、万用表和线路保护将形成回路，线路保护装置采样应与万用表的读数一致，这样即能证明电流回路的完好性。如果回路中存在任一断开点，则测试仪仍然显示开路；如果长电缆存在绝缘不好分流的情况，则保护装置内采样与万用表读数会出现较大偏差。采用此方法，测试仪无须移动，一次设备区工作人员只需携带一块万用表即可完成通流工作。

1.12　和电流二次回路短接步骤应“先断后短”

2012 年 7 月 16 日 500kV ××变电站，4 号主变压器高压侧 5021、5022 断路器转检修，5021、5022、5023 断路器在同一串。××甲线流入保护装置的电流是 5022 断路器侧的 5261 电流回路（回路编号 5261）与 5023 断路器侧的电流回路（回路编号 5121）之和，这一和电流通过在保护柜两个电流回路并接构成。

在做安全隔离措施及防护措施时，断开 5022 断路器侧的 5261 电流回路连接片后，又错误地在去保护侧 TA 二次回路上做了 A、B、C、N 三相短接并接地的防护措施（为了防止做 TA 绝缘试验时 2500V 的直流电压对保护装置产生影响），如图 1-37 所示。

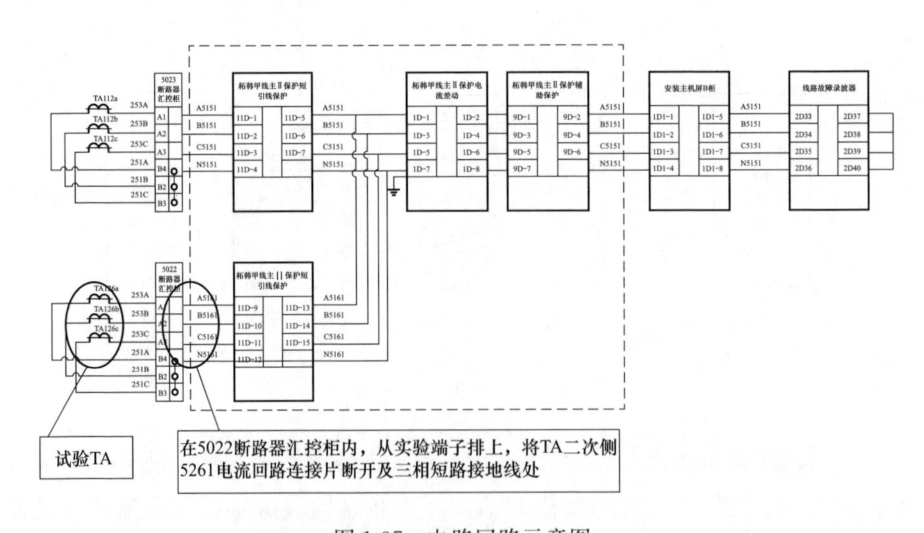

图 1-37　电路回路示意图

在5022断路器汇控柜内将5261电流回路断开，并在去保护侧TA二次回路上做了A、B、C、N三相短接并接地，一方面，将5023断路器汇控柜的5121电流回路分流一部分，导致流入线路主Ⅱ保护的电流减小；另一方面，由于在主Ⅱ保护柜已有一接地点，5022断路器汇控柜侧A、B、C、N三相短接并接地后，又人为增加了一个TA二次回路接地点，形成两点接地，这样，5261电流回路与地网间构成环路，形成零序电流回路。导致××甲线主Ⅱ保护零序电流达到保护定值，保护动作于出口，跳开5023断路器A、B、C三相断路器。

根据以上分析可知，在5022断路器汇控柜内将5261电流回路断开后，又错误地将去保护侧TA二次回路A、B、C、N三相短接并接地，是造成5023断路器跳闸的主要原因。对于500kV变电站，因3/2接线的特殊方式，其线路保护和主变压器保护为和电流回路，在和电流之前的其中一个停用开关TA上工作，执行“先断后短”安全措施，即一定要先断开该检修TA侧二次回路，然后再短接检修TA侧（非保护装置侧）二次回路，避免封电流时导致和电流的另一个运行TA侧二次回路分流，或者出现多个接地点。这一点与其他接线方式TA侧二次回路工作方法完全不同，应特别注意。

1.13 10kV零序电流互感器与电缆金属屏蔽接地线的配合

110kV某变电站10kV F45线路发生单相永久性故障，接地变压器保护零序过电流Ⅲ段保护动作跳开主变压器低压侧503断路器，10kV线路保护未动作，造成10kV 3M失压。检查发现故障时线路保护采集的电流小于D03接地变压器保护采集的电流，造成接地变压器保护早于线路保护跳闸，进一步检查为F45馈线电缆屏蔽层接地线穿过零序TA不正确。

10kV系统一般为小电流接地系统，10kV线路发生单相接地故障时，故障电流较小，不足以达到过电流保护定值，需采用零序过电流保护来监测单相接地故障，10kV线路保护一般运用零序电流互感器来测量流过线路的零序电流。由于零序电流互感器反映穿过其中的所有线路电流的相量和，因此零序电流互感器需与电力电缆金属屏蔽层接地线正确配合才能如实测量线路的零序电流。10kV馈线的零序屏蔽线接线方式正确与否将直接影响零序电流保护的正确运行，如果零序电流互感器安装不当，则在线路发生接地故障时，零序电流互感器将不能产生正确的零序电流，造成零序电流保护灵敏度降低甚至失去作用。GB 50168—2018《电气装置安装工程电缆线路施工及验收规范》6.2.10 规定：电缆通过零序电流互感器时，电缆金属保护层和接地线应对地绝缘，电缆接地点在互感器以下时，接地线应直接接地；接地点在互感器以上时，接地线应穿过互感器接地。10kV 馈线电缆终端处的金属护层必须接地良好；塑料电缆每相铜屏蔽和钢铠应锡焊接地线。电缆接地点在零序电流互感器以上时的接地线如图 1-38 所示，电缆接地点在零序电流互感器以下时的接地线如图 1-39 所示。

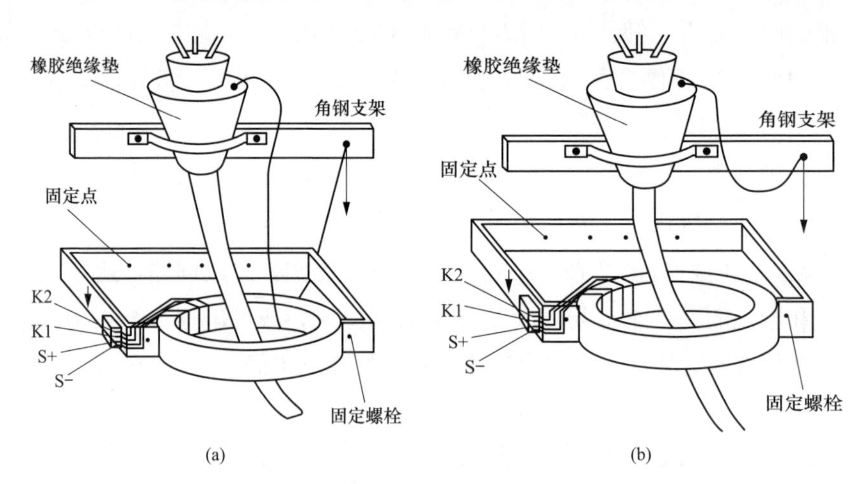

图 1-38　电缆接地点在零序电流互感器以上时的接地线

（a）正确接线；（b）错误接线

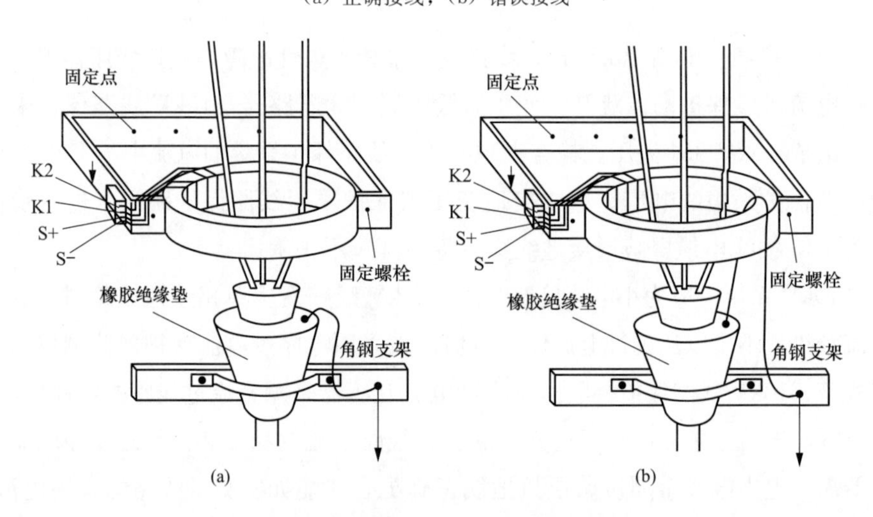

图 1-39　电缆接地点在零序电流互感器以下时的接地线

（a）正确接线；（b）错误接线

当电力电缆线路发生单相接地故障时，故障电流会通过金属屏蔽层流向金属屏蔽层接地线进入大地，因此金属屏蔽层在线路发生接地故障时会流过故障电流，另外由于电力电缆两端的屏蔽线均接地，若由于某种原因导致屏蔽线出现感应电压，则屏蔽线中也会出现接地电流。

根据零序电流互感器的工作原理，零序电流互感器检测的是电缆 A、B、C 三相的零序电流，因此只允许三相相线穿过零序电流互感器。当电缆终端头电缆接地点位于零序电流互感器上端时（图 1-38 所示情况），电缆屏蔽层的接地电流已经穿过零序电流互感器，零序电流互感器已经产生感应，故此要求将接地线返回，并穿过零序电流互感器，这样在零序电流互感器中因为穿过一对大小相等、方向相反的电流，即可消除金属屏蔽层电流的影响。当电缆终端头电缆接地点位于零序电流互感器下端时（图 1-39 所示情况），电缆金属屏蔽层的接地电流尚未穿过零序电流互感器，对零序电流互感器不会产生影响，因此对于电缆终端头电缆接地点位于零序电流互感器下端的情况，电缆接地线不应穿过零序电流互感器。

下面以电缆接地点位于零序电流互感器上方而接地线没有穿过零序电流互感器为例（见图 1-40）来进行说明。

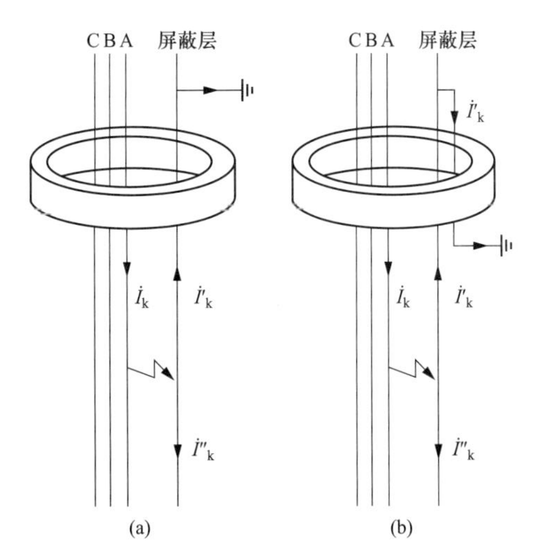

图 1-40 错误接线与正确接线示意图

（a）错误；（b）正确

为方便分析，将屏蔽层简化为一条线来表示，设电缆发生 A 相接地故障，故障相 A 相流过电流为 $\dot{I}_k$，则零序电流互感器测量线路的零序电流应为 $\dot{I}_k$，而由于屏蔽层也会流过一定的故障电流及感应电流 $\dot{I}_{k}'$，故零序电流互感器实际测量电流为 $\dot{I}_{k}-\dot{I}_{k}'$，小于线路实际零序电流 $\dot{I}_{k}$，导致零序保护不能正确动作。但如果将接地线穿过零序电流互感器，则零序电流互感器测量电流为 $\dot{I}_{k}-\dot{I}_{k}'+\dot{I}_{k}'=\dot{I}_{k}$，等于电缆线路中流过的零序电流。

通过以上分析可以看出，电力电缆金属屏蔽层接地线的正确与否直接关系到零序保护能否正确动作，电缆金属屏蔽层接地线是否应穿过零序电流互感器不能一概而论，当金属屏蔽层接地点位于零序电流互感器上方时，接地线应穿过零序电流互感器；当金属屏蔽层接地点位于零序电流互感器下方时，接地线不应穿过零序电流互感器，而且接地线应用绝缘胶布或热缩套管包裹对地绝缘。

2

电压二次回路隐患分析及防范

2.1 电压互感器二次回路必须一点接地

2009年3月4日，110kV鸡云线A相瞬时故障，线路保护正确动作，重合成功。同时220kV鸡干Ⅰ回、鸡干Ⅱ回无故障跳闸，重合成功。主接线图如图2-1所示。

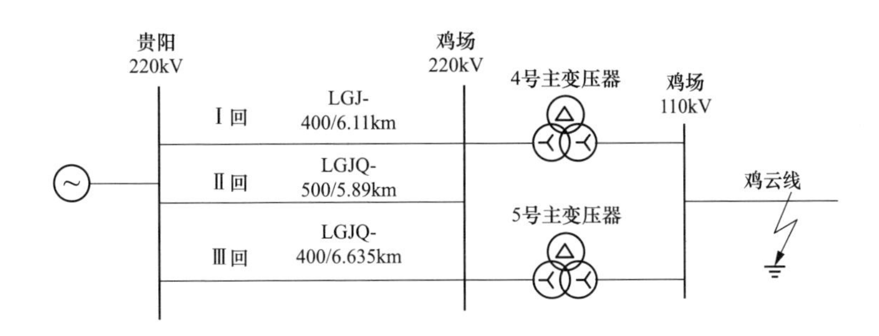

图2-1　主接线图

鸡干Ⅰ回：

鸡场变压器主Ⅰ保护（LFP-901B）高频零序方向动作跳A相，重合闸动作成功；贵阳变压器主Ⅰ保护（LFP-901B）高频零序方向动作跳A相，重合闸动作成功。

鸡干Ⅱ回：

鸡场变压器主Ⅰ保护（LFP-901B）高频零序停信，保护未出口；贵阳变压器主Ⅰ保护（LFP-901B）高频零序方向动作跳A相，重合闸动作成功。

原因分析：鸡场变电站10kV Ⅰ、Ⅱ母TV二次、三次绕组中性点并列后在TV端子箱接地，与保护控制室内的TV并列屏接地点形成多点接地。在110kV线路故障时，引起220kV鸡干双回保护用$3U_0$电位发生偏移，造成鸡干Ⅱ回鸡场侧 LFP-901B 零序功率达到动作值，误判为正方向而停信，导致贵阳侧高频零序方向保护误动。鸡干Ⅱ回跳开后，随着线路故障电流的转移，鸡干Ⅰ回两侧零序电流同时增加，两侧 LFP-901B 纵联零序保护均判为正向故障动作跳闸，重合成功。

对录波 220kV 电压进行分析和比较，发现自产零序电压和外接三角形零序电压不一致，如图 2-2 所示，判断出电压二次回路异常。

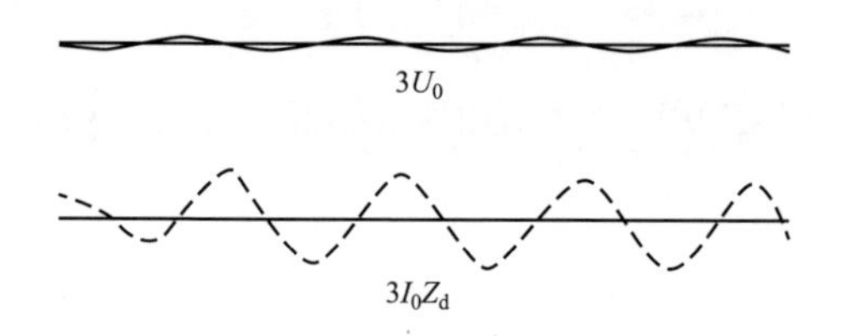

图 2-2 零序电压、电流波形图

对 TV 二次回路进行检查，发现 10kV 两组 TV 二次、三次回路中性点并列后在 TV 柜接地，与 TV 并列屏接地点形成两点接地，如图 2-3 所示。

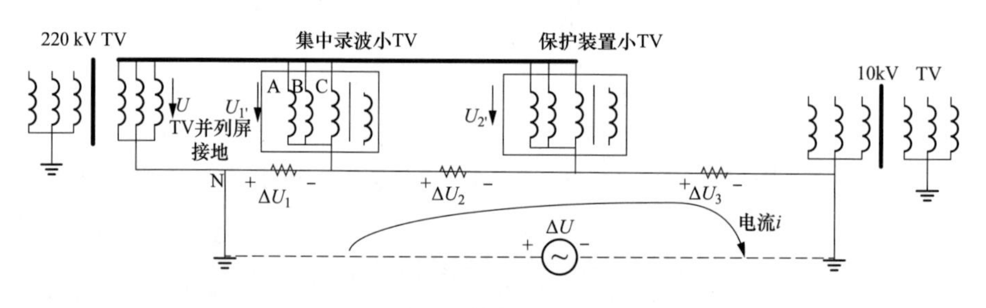

图 2-3 TV 两点接地示意图

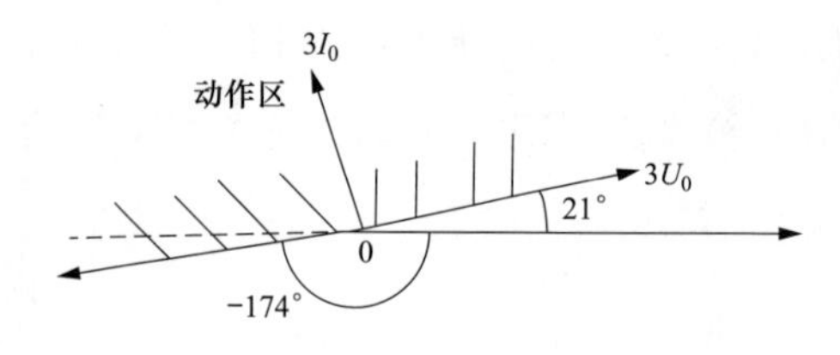

图 2-4 零序电流、电压相量图

经现场试验，发现鸡场变电站 220kV 鸡干Ⅱ回 LFP-901B 零序方向动作区为零序电流超前电压 21°～186°。鸡干Ⅰ、Ⅱ回零序电流角度在动作区边界，如图 2-4 所示。

电压互感器二次回路必须一点接地，其原因是为保证人身和设备安全。若电压二次回路没有接地点，则接在电压互感器一次侧的高压电压将通过电压互感器一、二次绕组间的分布电容和二次回路的对地电容形成分压，将高压电压引入二次回路，其值取决于二次回路对地电容的大小。如果电压互感器二次回路有了接地点，则二次回路对地电容将为零，从而达到保证安全的目的。

在运行中的电压互感器的二次回路上，必须只能通过一点接于接地网。因为一个变电站的接地网并非实际的等电位面，因而在不同点会出现电位差。当大的接地电流注入电网时，各点间可能有较大的电位差。如果一个电连通的回路在变电站的不同点同时接地，则接地网上的电位差将窜入这个连通的回路，有时还会造成不应有的分流。在有些情况下，可能将这个在一次系统中不存在的电压引入继电保护的检测回路中，使测量电压数据不正确，波形畸变，导致零序方向元件的不正确动作。

在两个接地点之间形成一个电位差ΔU，如图 2-5 所示，则保护装置测量到的电压为

$$\dot{U}'_{A}=\dot{U}_{A}+\Delta\dot{U}$$

$$\dot{U}'_{B}=\dot{U}_{B}+\Delta\dot{U}$$

$$\dot{U}'_{C}=\dot{U}_{C}+\Delta\dot{U}$$

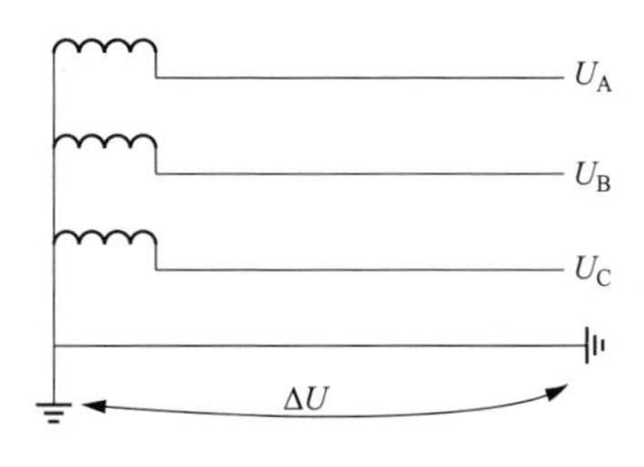

图 2-5　电压二次回路两点接地示意图

则保护装置计算到的电压为

$$3\dot{U}'_{0}=\dot{U}_{A}+\dot{U}_{B}+\dot{U}_{C}+3\Delta\dot{U}=3\dot{U}_{0}+3\Delta\dot{U}$$

当$3\dot{U}_{0}<3\Delta\dot{U}$并且方向相反时，$3\dot{U}'_{0}$与实际的$3\dot{U}_{0}$方向相反，对于判断零序电压和零序电流夹角的零序方向元件就会误动作或者拒动。

因此为了避免电压回路多点接地，现场实际生产过程中应重点做好以下几点措施：

（1）新投运的保护装置，经历第一次区外故障时，应及时打印保护装置和故障录波器报告，以校核保护交流采样值、收发信开关量、功率方向以及差动保护差流值是否正常，该检查结果视同检验报告签名、归档。

（2）在同一变电站中，把各电压等级电压互感器二次中性点引出的中性线分别引入控制室的 TV 接口屏上，屏上的中性线接地必须分别各自引线接到屏柜的接地铜排上，不允许采用串接的方法接地，屏柜的接地铜排再通过一根截面积不小于 $100mm^2$ 的铜缆接入二次接地网上，作为全站 TV 的唯一接地点。如果一个站有多个 TV 接口屏，则各电压接口屏柜之间应采用两根电缆并接方式连通，接地屏柜和接地铜排之间也应采用两根

电缆并接方式连通。唯一接地点要做好明显的标识，任何情况下严禁断开接地点。

(3) 新建、改扩建的厂站在设备投运前以及电压互感器更换或其二次回路有工作在恢复运行接线后，必须对 N600 公共接地线电流进行测试并记录，并将 N600 接地线测试数据存档备查。若测量值大于 50mA，则应进行专项检查，确保电压回路只有一点接地。

(4) 按照要求每 6 个月测量一次 N600 一点接地线接地电流值，并做好记录。当电流大于 50mA 或者新测量电流值大于上次测量值 20mA 时，应立刻进行专项检查，确保电压回路只有一点接地。

在控制室 TV 并列屏 N 相小母线（N600）一点接地位置按照图 2-6 接好试验接线。可以按照下列方法检查一点接地：

1）检查 TV 电压二次回路 N600 是否一点接地（电阻法）。

a）合上隔离开关 QS，断开控制室一点接地的连接线。

b）调整滑线电阻 R 为 0Ω，合上隔离开关 QS1，断开隔离开关 QS，测量滑线电阻 R 上的电流（用高精度钳形电流表）。

c）合上隔离开关 QS，断开隔离开关 QS1，滑线电阻 R 增加为 10Ω，合上隔离开关 QS1，断开隔离开关 QS，测量滑线电阻 R 上的电流。

d）对滑线电阻 R 上的电流进行分析，电流发生变化时，该变电站 TV 二次回路 N600 存在两点（或多点）接地。

2）查找各支路 TV 二次回路 N600 多个接地点。

(a) 电流法。在通过电阻法的基础上确认有两点接地后，可用电流法来排除接地点具体在哪条支路上。

按照图 2-6 接好试验接线，合上隔离开关 QS，调整滑线电阻 R 为 10Ω，断开控制室一点接地的连接线，合上隔离开关 QS1。依次执行下列查找步骤：

a）对 TV 二次回路 N600 每一支路用高精度钳形电流表钳住线不动。

b）合上隔离开关 QS，测量出 N600 线支路 1 的电流值 I；断开隔离开关 QS，测量出 N600 线支路 1 的电流值 I。

c）合上隔离开关 QS，测量出 N600 线支路 2 的电流值 I；断开隔离开关 QS，测量出 N600 线支路 2 的电流值 I。

……

(n+1) 合上隔离开关 QS，测量出 N600 线支路 n 的电流值 I；断开隔离开关 QS，测量出 N600 线支路 n 的电流值 I。

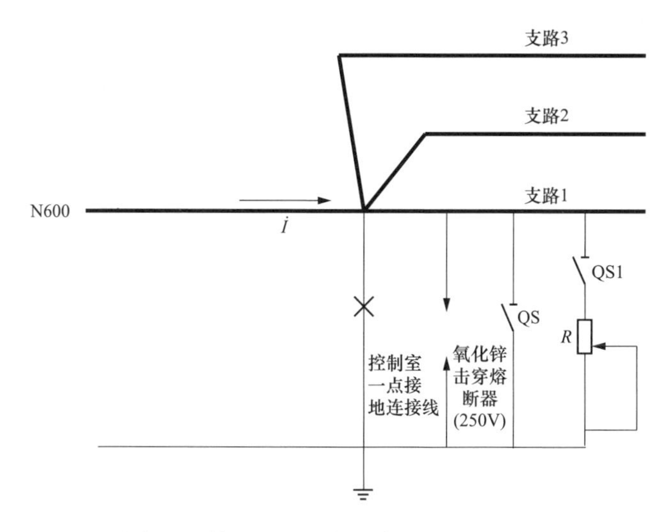

图 2-6 检查 TV 二次回路 N600 一点接地

再对以上每一次合、断隔离开关测出的同一支路电流 I 进行比较，若电流没有发生变化，则该支路 N600 线不存在接地点；若电流发生变化，则该支路 N600 线存在接地点。

（b）电压法。在电阻法的基础上确认有两点接地后，可用电压法来排除接地点具体在哪块保护屏或开关柜上。

在各保护屏或开关柜上用万用表测量各自的 N600 对地电压值，一般接地点的对地电压值为 0V 或几毫伏，与接地点的距离越远，N600 对地电压值越高（几十毫伏至一百多毫伏不等），若某块保护屏或开关柜上的 N600 对地电压为 0V 或几毫伏，则可初步判断该地有 N600 接地点。

2.2 电压互感器二次回路空气开关应采用独立的单相空气开关

2017 年 2 月 15 日，计划开展 220kV ××Ⅰ线（挂 1M）母线侧隔离开关检修。运行人员将Ⅱ母负荷转移到Ⅰ段母线后，9 时 47 分断开 220kV 母联 212 断路器，220kV 备自投装置跳开 220kV ××Ⅰ线断路器、××Ⅱ线断路器，出口合备供线路，后因备供线路主Ⅰ、主Ⅱ保护距离手合加速保护动作断开备供线路断路器，发生全站失压事件。

经现场检查运行人员断开220kV母联212断路器以后，220kV Ⅰ母带电、Ⅱ母已停电，但220kV Ⅱ母TV二次仍有电压，据此可推断Ⅰ、Ⅱ母TV二次侧出现并列运行。进一步检查为220kV ××Ⅰ线断路器由220kV Ⅱ段母线倒闸至Ⅰ段母线运行，2M隔离开关辅助触点因行程转换不到位导致未变位，致使Ⅱ母电压切换继电器未复归，保持动作状态，而此时1M隔离开关已合闸且辅助触点转换到位，Ⅰ母电压切换继电器动作，形成Ⅰ、Ⅱ母电压切换继电器同时动作，将220kV Ⅰ、Ⅱ母TV二次电压并列。

此时220kV Ⅰ母TV经Ⅰ母二次电压空气开关、Ⅰ母TV重动回路、220kV ××Ⅰ线断路器电压切换回路、Ⅱ母TV重动回路、Ⅱ母二次电压空气开关向220kV Ⅱ母TV反送电，产生较大的电流，导致220kV Ⅰ母TV二次电压空气开关跳闸（B6，三相联动空气开关，如图2-7所示）。

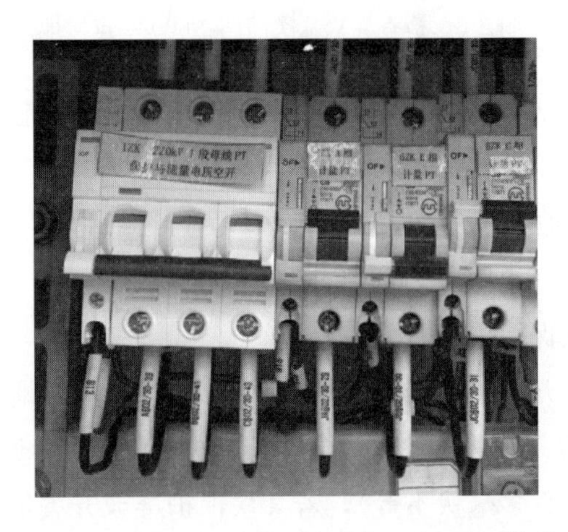

图2-7　TV二次电压空气开关配置及跳闸情况

220kV Ⅰ母TV二次电压空气开关跳闸后，220kV Ⅰ、Ⅱ母二次电压失压，220kV备自投装置进入备自投判断逻辑，因满足其动作条件：①220kV Ⅰ、Ⅱ母二次电压失压；②备自投有流判据满足动作条件（线路轻载），220kV备自投装置经过定值延时1506ms（装置内延时跳闸定值为1.5s）后出口跳开主供线路220kV ××Ⅰ线断路器、××Ⅱ线断路器，后经定值延时3050ms（装置内延时合闸定值为3s）出口合上备供线路，备供线路距离手合加速保护动作跳闸，致使全站失压。

针对上事件暴露的问题，应做到以下防范措施：

（1）为了防止双母线倒闸操作中，拉开母联断路器时出现因 TV 二次回路并联导致的反充电，应调整倒母线操作流程：在其中一段母线停电前，应先断开待停电母线 TV 二次侧空气开关再断开母联断路器，断开母联断路器后应检查各母线 TV 二次电压。

（2）为降低母线 TV 二次空气开关三相跳闸安全自动设备和保护误动风险，在今后新建、扩建工程中，电压互感器端子箱、汇控柜或开关柜处相关电压空气开关应直接采用完全独立的单相空气开关，并实现有效监视。

（3）倒闸操作中应重点关注二次设备重要告警信息及光字牌信息，特别要检查“电压切换继电器同时动作”信号。

2.3 N600 中性线上不能接隔离开关辅助触点或可断开的空气开关

案例 1：2009 年 500kV 某厂站线路辅 A 保护 RCS925AMM 的 TV 电压二次绕组回路接线错误——保护用 TV 二次绕组 N 相接线误接至测量表计用 TV 二次绕组的 N 相回路，造成中性点电压悬浮，引起 C 相电压升高，导致辅 A 保护装置过电压保护误动，对侧辅助保护收信直跳。

案例 2：2012 年 500kV 某变电站 3 号主变压器第一套过励磁保护动作跳开主变压器三侧断路器；检查发现 3 号主变压器电能表屏内，3 号主变压器保护用的 N600 到屏顶与 YMN 小母线连接螺栓有松动现象，则去至各个装置的 N600 接地点均失去，引起 3 号主变压器第一套保护电压采样异常，并导致过励磁保护动作。具体分析如下，当电压互感器中线点接地不良时，中性点电位偏移，导致 A、C 相电压升高，B 相电压降低。中性点电压相位是影响三相电压升高或者降低的决定因素。

正常运行过程中，三相电压平衡，其矢量图如图 2-8 所示。

当电压中性点电位漂移时，从 N 偏移到 N′，导致 B 相电压降低，A、C 相电压升高，线电压幅值不变，其矢量图如图 2-9 所示。

如果 N600 中性线接触不良，会造成中性点电压相位的偏移，由于部分厂家保护装置对此时的电压偏移不会告警，因此在正常情况下很难发现。所以 N600 中性线上的施工和验收应特别关注：

（1）不能接有电压互感器间隔隔离开关辅助触点或可断开的空气开关。

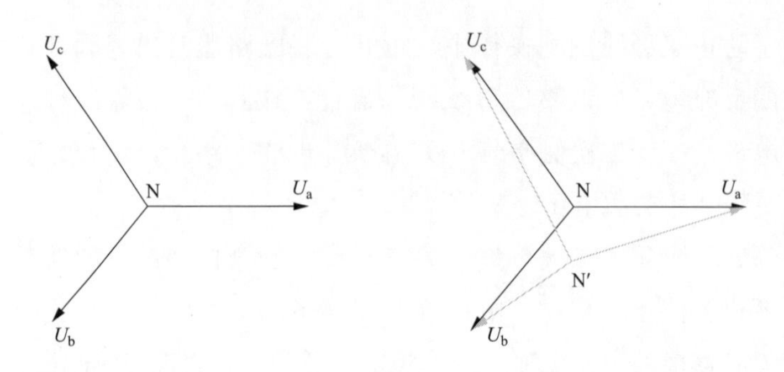

图 2-8　正常电压相位图　　　　图 2-9　中性点电位漂移电压相位图

（2）同时要注意在电压的公共部分，例如 TV 接口屏上的端子排上，由于 N600 需要用到多个相邻端子，用于连接的中间连接片的固定螺钉中端子的中间螺钉接触不良，而导致 N600 接触不良，如图 2-10 所示。

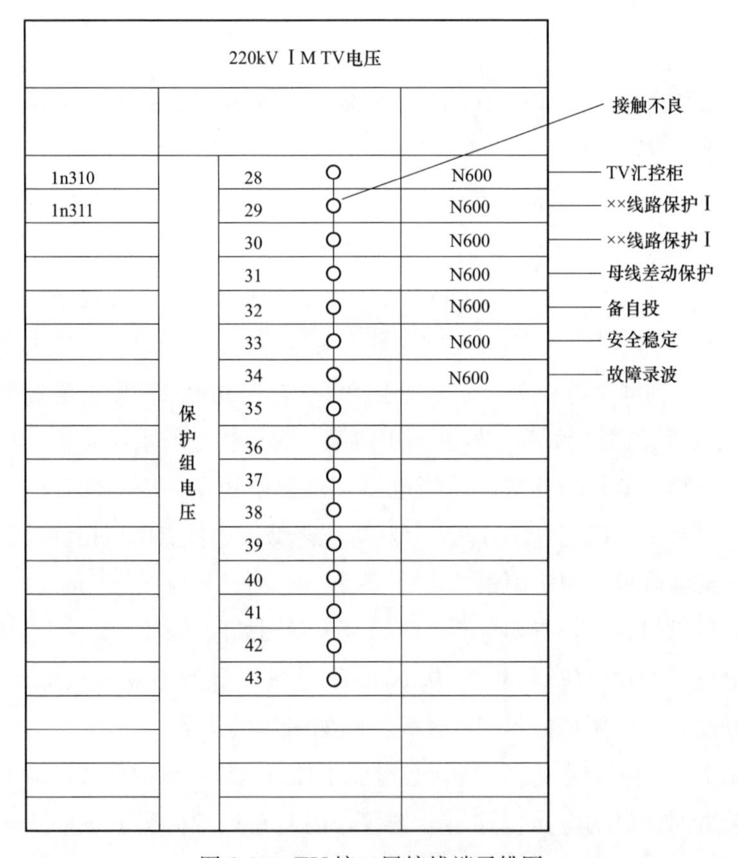

图 2-10　TV 接口屏接线端子排图

（3）继电保护室的 TV 接口屏内，TV 各二次绕组中性线宜分别引至屏柜专用端子排（或专用接地铜排），而不应采用手拉手连接方式将各绕组中性线相互连接。同时，各电压接口屏柜之间应采用两根电缆并接方式连通，接地屏柜和接地铜排之间也应采用两个电缆并接方式连通，具体接法如图 2-11 所示。

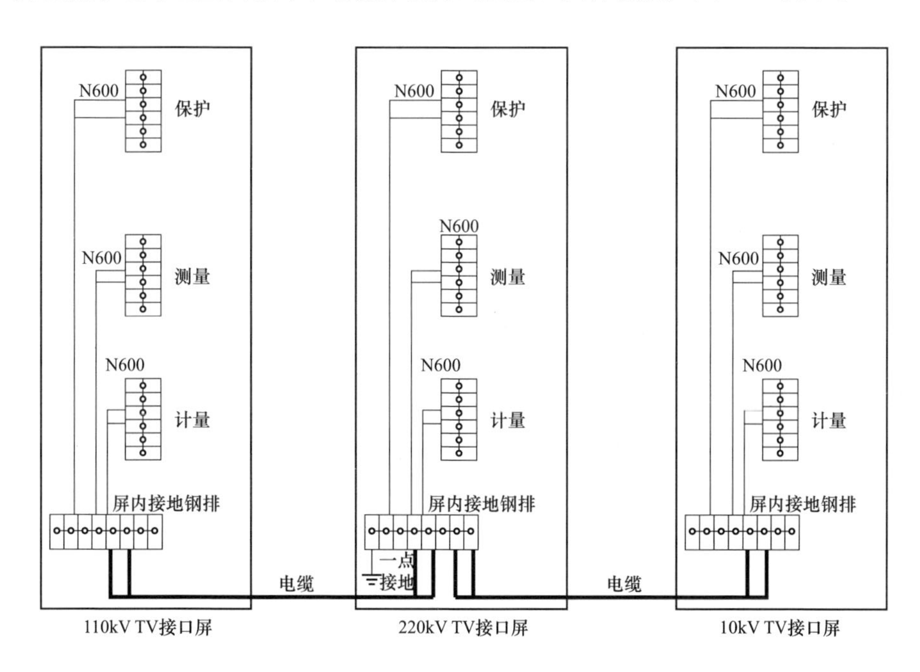

图 2-11　TV 接口屏 N600 一点接地联系图

2.4　来自开关场的电压互感器二次绕组及三次绕组引入线应使用各自独立的电缆

来自开关场的电压互感器二次回路的 4 根引入线（U_A、U_B、U_C、U_N）和电压互感器开口三角绕组的 2 根引入线（U_L、U_N）应使用相互独立的两根电缆，不得公用。

如果将二次绕组的中性线和三次绕组的 N 线合用一电缆芯并接地，则在这种接线方式下，线路发生近端出口单相接地故障时，二次绕组故障相电压本应为零，但实际由于 $3U_0$ 电压较大，在三次绕组内将流过很大的电流，在 N 线上产生电压降，所以二次绕组的故障相电压就不为零，不能反映真实的故障电压。只有将电压互感器二次绕组的中性线电缆和三次绕组的 N 线分开，三次绕组上电流产生的电压降才不会影响到二次绕组的电压，如图 2-12 所示。

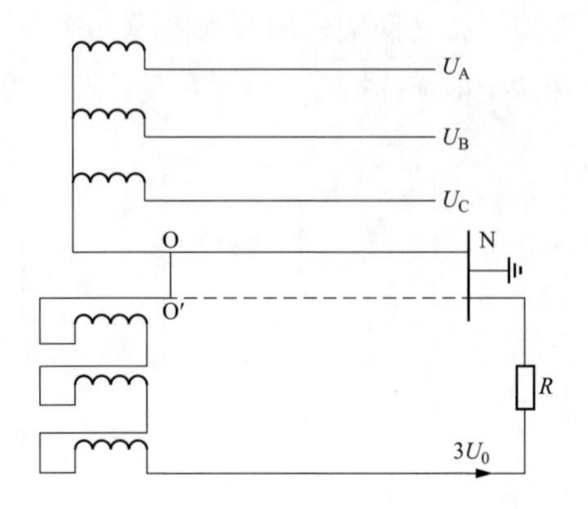

图 2-12　二次、三次绕组公用中性线示意图

保护装置自产的零序电压为

$$3\dot{U}_{0j}=\dot{U}_A+\dot{U}_B+\dot{U}_C+3\dot{U}_{0N}=3\dot{U}_0+3\dot{U}_{0N}$$

而

$$\dot{U}_{0N}=-\frac{r}{R+2r}\times 3\sqrt{3}\dot{U}_0$$

得到

$$3\dot{U}_{0j}=\left(1-\frac{3\sqrt{3}r}{R+2r}\right)3\dot{U}_0$$

如果某种原因引起$\frac{r}{R+2r}>\frac{1}{3\sqrt{3}}$，则 $3\dot{U}_{0j}$将与 $3\dot{U}_0$ 反方向，会造成接地零序保护正方向拒动、反方向误动。

另外二次绕组的中性线与三次绕组的 N 线合用一根电缆芯，在现场的保护接线时也容易把 $3U_{0N}$与 $3U_{0L}$错接，导致故障时二次绕组电压与三次绕组电压的叠加，造成保护不正确动作。

保护设备端子排到保护装置内部的电压配线的额定电压为 1000V，应采用防潮隔热和防火的交联聚乙烯绝缘多股铜绞线，截面积不应小于 2.5mm^2，同时应采用冷压接端头，冷压连接应牢靠、接触良好。

电压二次回路电缆应采用独立的 ZRA-KVVP2/22 的电缆（阻燃等级 A，聚氯乙烯绝缘铜带屏蔽双钢带铠装电缆），芯的截面积不应小于 1.5mm^2，同时应按允许的电压降选择电缆芯的截面积：电压互感器至计费的电能表的电压降不得超过电压互感器二次额定电压的 0.5%；在正常负荷下，至测量仪表的电压降不得超过其额定电压的3%；当全部保护装置动作和接入全部测量仪表（电压互感器最大负荷时）时，至保护和自动装置的电压降不得超过额定电压的3%。

同一组电压回路的三相和中性线必须使用独立的一根电缆。若中性线中因干扰出现零序分量，则很可能使保护感受的各相电气量均产生偏移，从而引起保护不正确动作。

2.5 电压互感器备用二次绕组应开路并一点接地

2011年6月7日，110kV ××变电站发"××线路电压失压"信号，检修人员在检查线路电压二次回路过程中，打开线路电压二次端子箱时，受到高压电击，所幸无人员伤亡，后经检查发现线路电压二次回路有两个绕组，其中一个绕组接入继电保护室并接地，另外一个绕组备用，未接地，如图2-13所示。

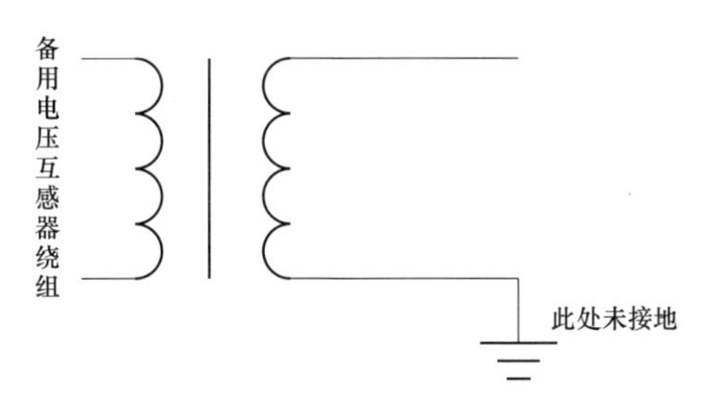

图2-13 电压互感器绕组示意图

正常运行时，电压互感器二次负载阻抗很大，由于电压互感器对二次系统相当于一个恒压源，此时通过的二次电流很小。当电压互感器的二次侧在运行中发生短路时，阻抗迅速减小到几乎为零，这时二次回路会产生很大的短路电流，直接导致二次绕组严重发热而烧毁；另外，由于二次电流突然变大，而一次绕组匝数多，会产生很高的反电动势，加大了一、二次之间的电压差，足以造成一、二次绕组间的绝缘层击穿，使得一次回路高电压引入二次侧，危及人身和设备安全。因此，电压互感器二次侧严禁短路。电压互感器备用二次绕组应保持开路状态并一点接地，严禁短接。特别要留意线路TYD电压互感器的备用二次绕组应开路并一点接地。

2.6 保护绕组电压严禁串接隔离开关辅助触点重动的继电器触点

2016 年 11 月 2 日，110kV ××变电站报“1M 直流系统接地”，直流馈线屏选线“27 路 110kV GIS 隔离开关控制电源Ⅰ”。随后，运维人员断开“110kV GIS 隔离开关控制电源Ⅰ” MCB4 空气开关时，110kV 备自投装置动作，跳开 110kV 主供线路，合上 110kV 备供线路。

后经检查，发现该站 112TV 二次回路从二次绕组出来经空气开关后串接 TV 隔离开关辅助触点的重动触点（见图 2-14），重动继电器为 2A89X，其工作电源接自 110kV GIS 隔离开关控制电源Ⅰ或 110kV GIS 隔离开关控制电源Ⅱ，当 110kV GIS 隔离开关控制电源失电时，重动继电器为 2A89X 不励磁，

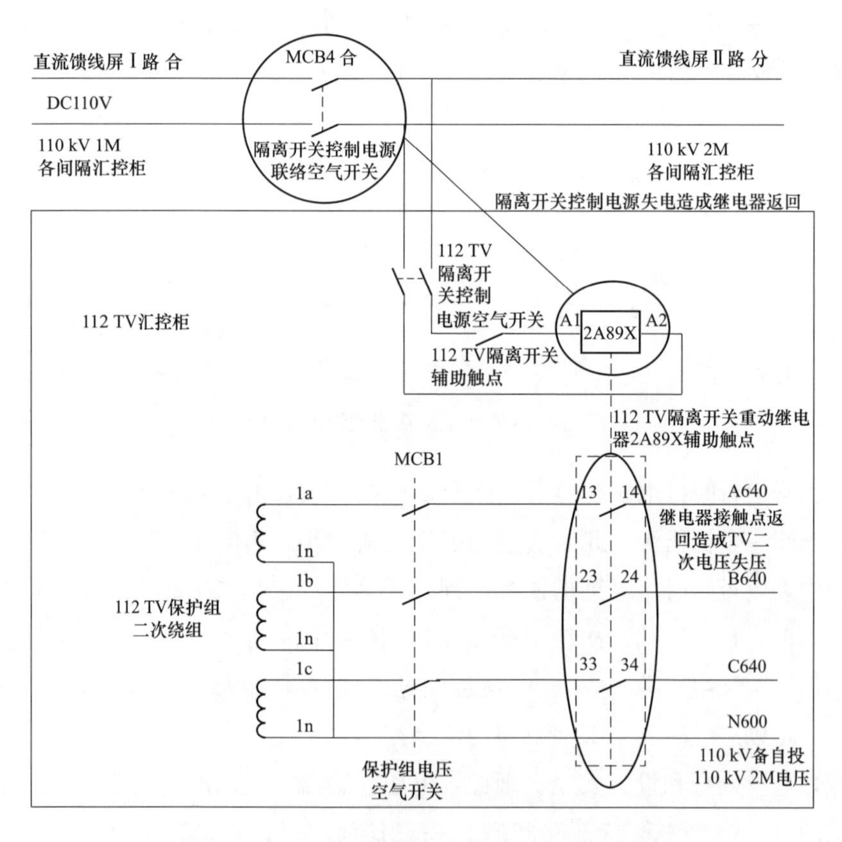

图 2-14 TV 二次回路隔离开关辅助触点采用重动

这将导致112TV二次回路失压，恰巧这时主供线路轻载，无压无流，110kV备自投装置动作。

通过TV二次侧向不带电的母线充电称为反充电。停电的一次母线即使未接地，其阻抗（包括母线电容及绝缘电阻）也较大，但从TV二次侧看到的阻抗近乎短路，故反充电电流较大（反充电电流主要取决于电缆电阻及两个TV的漏抗），将造成运行中TV二次侧空气开关跳开或熔断器熔断，使运行中的保护装置失去电压，可能造成保护装置的误动或拒动。

当TV所接母线停电，但TV隔离开关并未拉开时，辅助触点没有断开其二次回路。此时试验人员在TV二次回路工作，如给电压二次回路加压，若不拉开二次熔断器或断开空气开关，所加电压就按TV变比倒送到停电母线上。因此在TV停用或检修时，既需要断开TV一次侧隔离开关，同时又要切断TV二次回路。否则，在测量或保护回路加电压试验时，有可能二次侧向一次侧反送电，在一次侧引起高电压，造成人身和设备事故。

为了防止TV停电时二次电压反充电到一次侧，应将TV二次电缆从二次绕组出来后串接空气开关和本间隔隔离开关辅助触点，且空气开关应串接在辅助触点之前，考虑到二次回路运行的安全性、可靠性，该触点不允许采用重动继电器重动，如图2-15所示，其中1QS为隔离开关辅助触点。

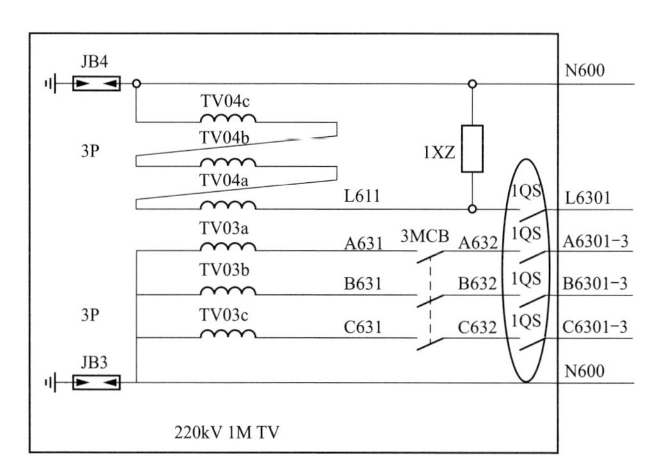

图2-15 规范的TV二次回路示意图

但由于隔离开关辅助触点的数量不够，可能存在对隔离开关辅助触点进行重动使用的情况。这种使用方法存在以下风险：当重动继电器2A89X的重动电源失电或者启动继电器2A89X的隔离开关辅助触点异常时，将导致重动继电器 2A89X 返回，断开电压回路，使控制室保护失压，造成保护装置异常告警甚至可能导致部分安全自动设备误动作。

为了避免以上问题，应该做到：

（1）在新建项目中，TV 二次回路应该按照规范执行，杜绝隔离开关触点重动，在设计、施工、验收环节层层把关。

（2）对于运行中的 TV，其二次回路如果存在隔离开关重动的问题：

1）在现场 TV 备用隔离开关辅助触点充足的前提下可以直接进行整改。

2）现场核查 TV 备用隔离开关辅助触点不足，通过更换隔离开关辅助开关以满足整改条件，继而进行整改。

3）如果一定要采取隔离开关辅助触点重动的方式为 TV 二次回路提供隔离开关辅助触点，考虑到回路的可靠性要求，采用双位置继电器且使用独立电源供电（从直流屏取）。

2.7 新投运的电压互感器应要求 3 个保护绕组

按照保护双重化的要求，双重化配置的两套保护装置的交流电压取自电压互感器互相独立的绕组，因此新投运的电压互感器应要求 3 个保护绕组，两套保护各一个绕组，开口三角一个绕组，如图 2-16 所示。

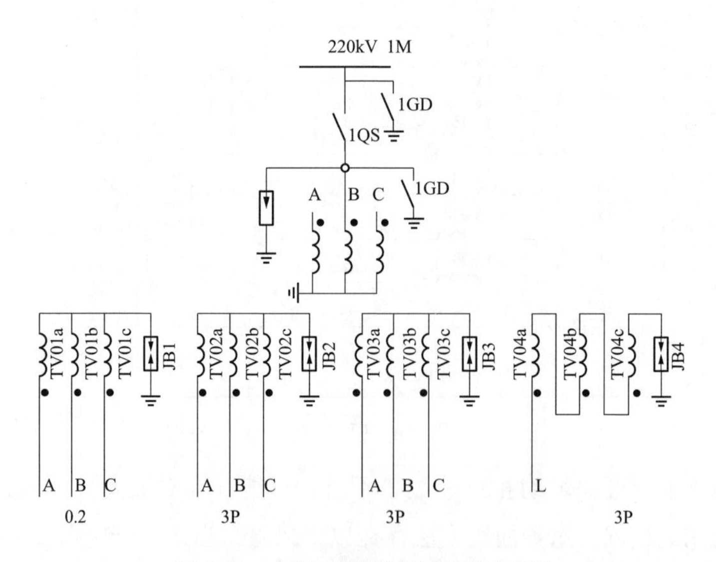

图 2-16 电压互感器绕组配置示意图

规范配置见表 2-1。

表 2-1　　规 范 配 置 表

绕组序号	220kV 和 110kV 母线电压互感器	10～35kV 母线电压互感器	220kV 和 110kV 线路电压互感器（单相）
第一个绕组（TV01）	0.2（1MCBa-c）	0.2（1MCBa-c）	0.5（1MCB）
第二个绕组（TV02）	0.5/3P（2MCBa-c）	0.5/3P（2MCBa-c）	3P（剩余电压绕组）
第三个绕组（TV03）	3P（3MCBa-c）	3P（剩余电压绕组）	—
第四个绕组（TV04）	3P（剩余电压绕组）	—	—

2.8　同一个变电站同一电压等级的零序开口电压极性应一致

同一个变电站同一电压等级的零序开口电压极性应一致，避免零序电压极性不一致，在电压并列时发生接地故障，则两个开口绕组之间会产生很大的环流，烧毁 TV，如图 2-17 所示。南方电网变电站二次接线标准中已经规定，开口三角电压要按照 a 头 c 尾的要求接线。

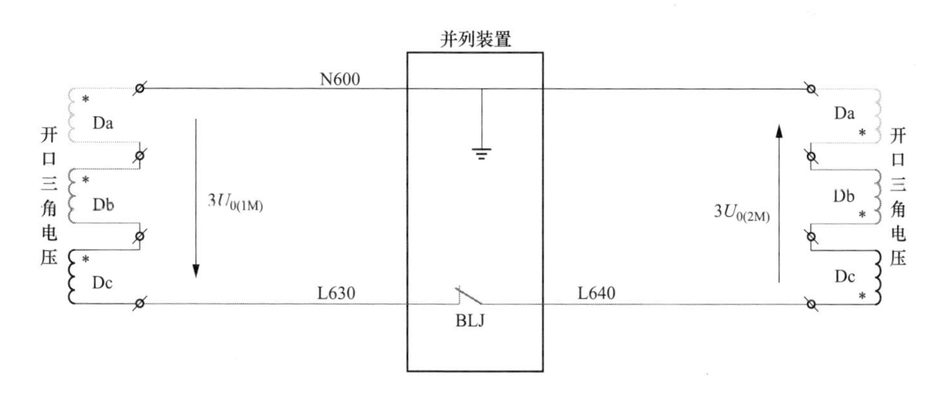

图 2-17　开口三角绕组并列示意图

2.9　电压切换、电压并列装置双重化

按照保护双重化的要求，双重化配置的两套保护装置的交流电压取自电压互感器互相独立的绕组，并且要求双重的保护应由分开的电压互感器和电

流互感器供电，并装在分开的屏上，其相应的接线和电缆，相互之间应最大限度地分开布置。因此需要配置两套电压切换装置和两套电压并列装置。如果双重化配置的保护装置只配一套电压切换或电压并列装置，则当电压切换或电压并列装置故障或失电时，两套保护装置将失去电压，也就失去了配置双重化保护的意义。因此220kV及以上保护电压切换、电压并列装置应按照双重化的原则进行配置。

2.10 电压切换回路的要求

某变电站在完成220kV ××乙线由Ⅱ母倒至Ⅰ母，Ⅰ、Ⅱ母分列运行的操作中，220kV ××乙线Ⅱ母母线隔离开关辅助转换开关动断触点因接触不良而未能接通，由于该电压切换回路设计按照电压切换部分采用双位置继电器，告警监视继电器采用常规电压继电器并串入母线隔离开关动合触点的模式，因此在操作结束后，用于Ⅱ母电压切换的4个双位置继电器（2KVS4-2KVS7）不能复归，用于Ⅱ母电压切换回路告警监视的继电器（2KVS1-2KVS3）正常复归返回；而Ⅰ母的电压切换继电器1KVS4-1KVS7均处于动作状态，使220kV 1号TV二次电压经220kV ××乙线的电压切换回路送至2号TV小母线（220kV母联断路器分开）；因2KVS1-2KVS3继电器失压，n223-n224回路不能发出“切换继电器同时动作”信号，致使运行人员无法发现。

由于母线分列运行，220kV 1号TV二次电压通过220kV ××乙线的电压切换回路反充至220kV 2号TV及220kV 2M母线，导致乙线保护CZX-12R1操作箱电压切换回路因承担充电电流而发热，进而导致操作箱电压切换回插件、C相出口插件烧毁。又由于该站失灵启动也利用电压切换继电器选择母线，导致直流窜入失灵启动回路，失灵启动回路间歇性接通。而TV二次电压也由此出现较大的波动（录波显示TV二次电压出现不平衡电压为8～12V，失灵保护的零序闭锁电压定值为6V），导致失灵保护开放并正确动作出口。相关回路如图2-18和图2-19所示。

双母线接线的主变压器、线路、旁路间隔和单母线分段接线可跨接两段母线的主变压器间隔都有两把母线侧隔离开关，其运行方式取决于两把隔离开关的状态。主变压器和线路的方向（零序）过电流保护、距离保护、测控装置和计量仪表等都要用到母线二次电压，为了使主变压器和线路在倒母线运行时，保证其一次系统和二次系统在电压上保持对应，在操作箱中都设有电压切换回路。并且要求电压切换回路满足以下要求：

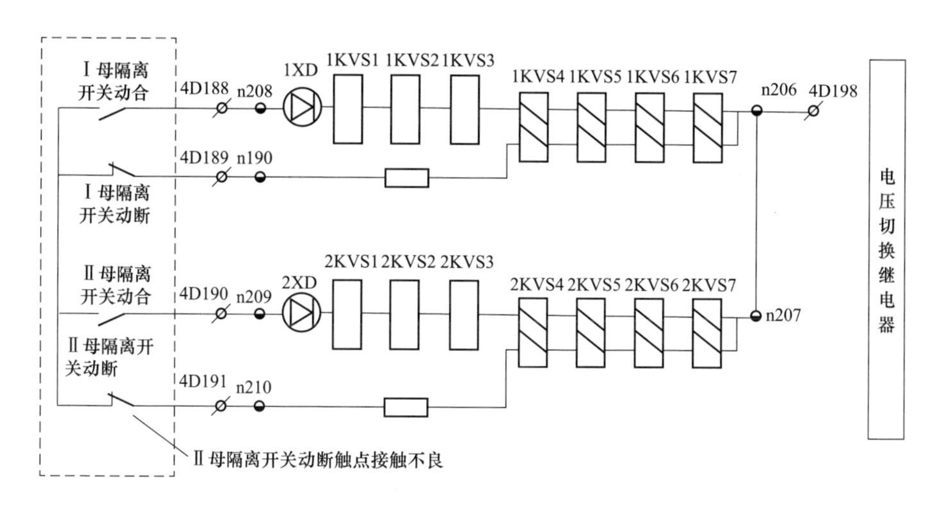

图 2-18　电压切换装置图

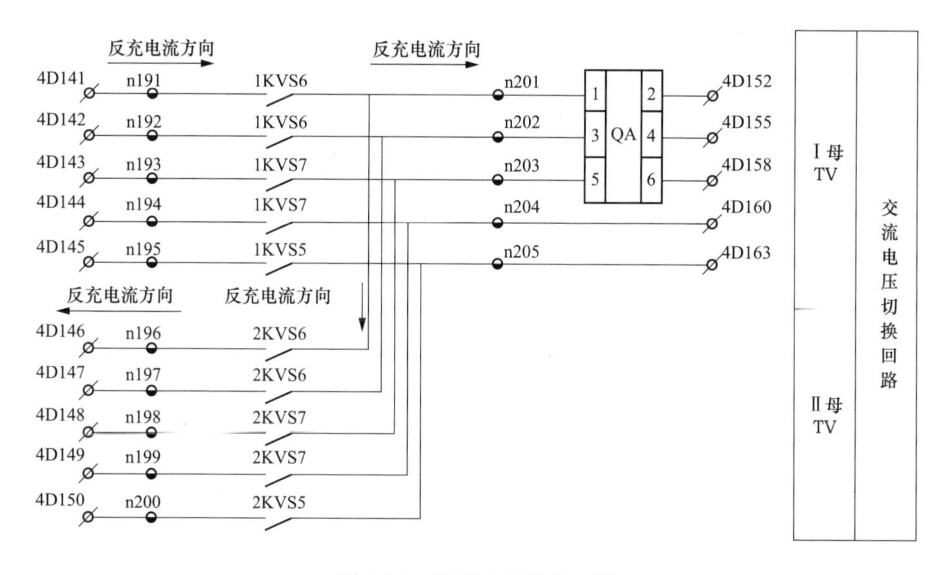

图 2-19　反充电电流走向图

（1）如实反映一次隔离开关位置。

（2）当电压切换回路失电时，仍能按失电前的工作状态为保护装置提供母线电压。

（3）当电压切换回路失电时，应发出告警信号，提示运行人员处理。

（4）为防止两组母线电压在二次侧异常并列，当两条母线的电压切换继电器同时动作时，也应发出告警信号。

但实际运行中隔离开关与辅助触点位置不对应对电压切换回路的运行有极大的影响，具体分析如下：

如图 2-20 和 2-21 所示，电压切换回路靠主变压器或线路的母线侧隔离开关的辅助触点来启动和复归电压切换继电器（1KVS1-7、2KVS1-7），切换继电器启动或复归后，电压切换继电器的触点导通，将对应母线的电压引入保护装置，并断开另一母线的电压。同时，当某间隔在倒闸过程中出现一个间隔的两把母线隔离开关同时合闸（简称隔离开关双跨）时，两个切换继电器同时启动，继电器动合触点动作发出“切换继电器同时动作”；当两把母线隔离开关的位置同时消失或切换继电器失电时，两个继电器均返回，继电器动断触点返回发出“切换继电器失电/TV 失压/切换回路断线”信号。

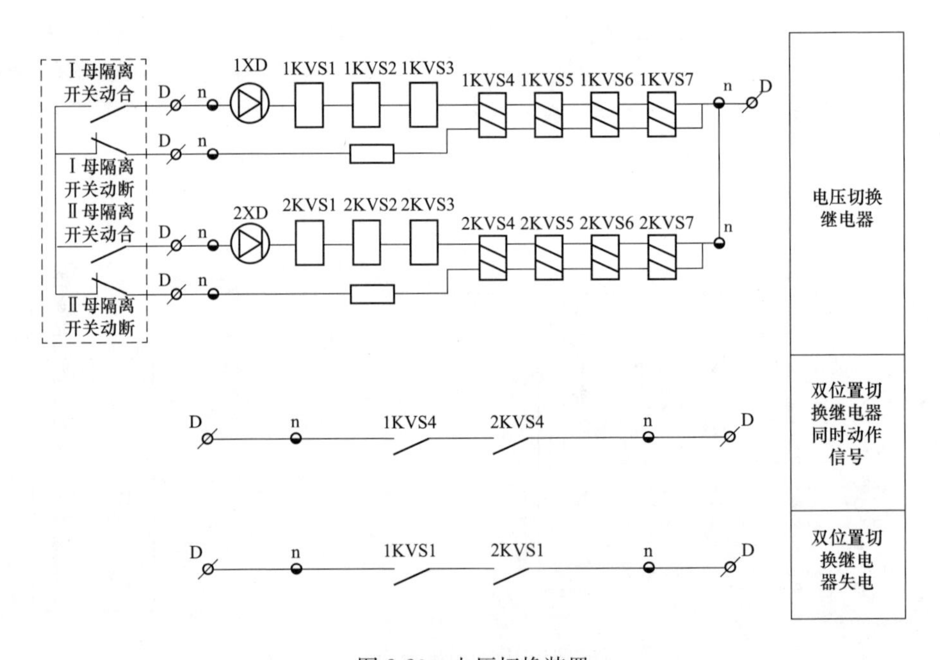

图 2-20　电压切换装置

（1）动断触点误分/合对电压切换回路的影响。正常运行时，某间隔挂 1M，若 1M 隔离开关动合辅助触点误分，则 1M 电压切换继电器（图 2-20 中 1KVS1-7）失磁，由于二次电压切换回路使用磁保持继电器（图 2-20 中 1KVS4-5、2KVS4-5）的双位置保持触点（图 2-21 中 1KVS5-7、

2KVS5-7)，按照磁保持继电器的动作特性（磁保持继电器两个线圈同时失磁和励磁时，辅助触点保持线圈先励磁的那种状态)，电压切换回路正常运行，切换后电压 U_A、U_B、U_C 仍有输出，不影响保护装置的运行。同时，1M、2M 切换继电器（1KVS1-3、2KVS1-3）均不动作，切换装置将发出“切换继电器失电/TV 失压/切换回路断线”信号。

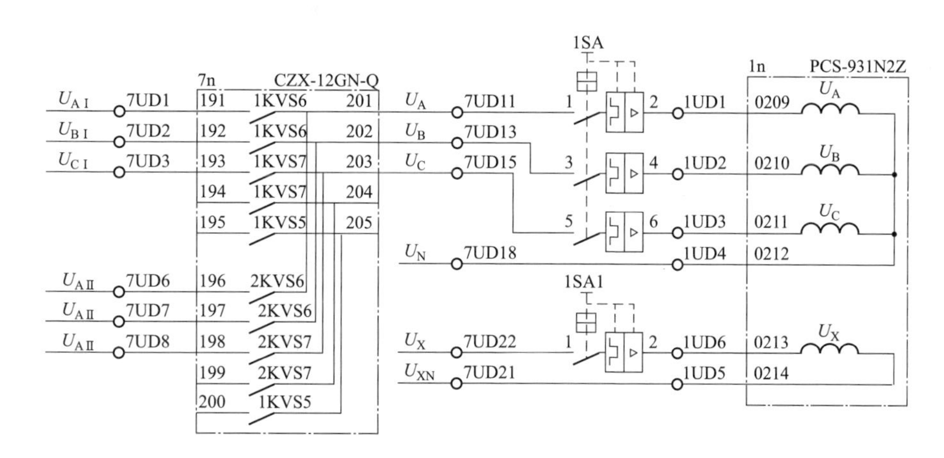

图 2-21 电压切换回路

正常运行时，某间隔挂 1M，若 2M 隔离开关动合辅助触点误合，则 2M 切换继电器的启动线圈和复归线圈同时励磁，按照双位置继电器的动作特性，2M 切换继电器仍保持复归状态，对电压切换回路无影响，此时切换装置 2M 隔离开关位置指示灯会点亮。

（2）动断触点误分/合对电压切换回路的影响。正常运行时，某间隔挂 1M，若 2M 隔离开关动断辅助触点误分，则 2M 切换继电器的启动线圈和复归线圈失磁，按照磁保持双位置继电器的动作特性，2M 切换继电器的辅助触点仍保持在励磁复归状态，即 2M 隔离开关辅助触点状态不发生改变，电压切换回路正常运行，切换后电压 U_A、U_B、U_C 仍有输出，不影响保护装置的运行，但此时也无告警信号。

正常运行时，某间隔挂 1M，若 1M 隔离开关动断辅助触点误合，则 1M 切换继电器的启动线圈和复归线圈同时励磁，按照双位置继电器的动作特性，1M 切换继电器的辅助触点仍保持在励磁状态，电压切换回路正常运行，但此时也无告警信号。

（3）动合触点拒分/合对电压切换回路的影响。倒闸操作时，某间隔由

2M 倒闸至 1M，若 2M 隔离开关动合辅助触点拒分，则 2M 切换继电器的启动线圈和复归线圈同时动作，按照双位置继电器的动作特性，2M 切换继电器触点仍保持在闭合状态，当合上 1M 隔离开关后，1M 切换继电器动作，1M 切换继电器触点闭合，此时 1M、2M 电压切换回路同时导通，二次电压并列，切换装置发出“切换继电器同时动作”的信号。若此时Ⅰ、Ⅱ母存在电势差，将在电压切换回路中形成电流环流，若电流过大将烧毁电压切换继电器，甚至可能导致失灵保护误动作；同时，电流过大会引起电压二次回路空气开关跳闸，区内故障时距离保护可能发生拒动，区外故障时距离保护可能发生误动。

倒闸操作时，某间隔由 1M 倒闸至 2M，若 2M 隔离开关动合辅助触点拒合，则 2M 切换继电器不励磁，2M 切换继电器触点处于断开状态，隔离开关双跨时不会发出“切换继电器同时动作”信号。当断开 1M 隔离开关后，1M 切换继电器返回，1M 切换继电器触点断开，则整个电压切换回路断开，电压切换装置切换后电压 U_A、U_B、U_C 无输出，保护装置失压，区内故障时距离保护可能发生拒动，区外故障时距离保护可能发生误动。

（4）动断触点拒分/合对电压切换回路的影响。倒闸操作时，某间隔由 1M 倒闸至 2M，若 2M 隔离开关动断辅助触点拒分，则 2M 切换继电器的启动线圈和复归线圈同时励磁，按照双位置继电器的动作特性，2M 切换继电器触点仍保持在断开状态，即隔离开关双跨时，切换装置仍会点亮 2M 隔离开关位置指示灯，但不会发出“切换继电器同时动作”信号。当断开 1M 隔离开关后，1M 切换继电器返回，1M 切换继电器触点断开，则整个电压切换回路断开，电压切换装置切换后电压 U_A、U_B、U_C 无输出，保护装置失压，区内故障时距离保护可能发生拒动，区外故障时距离保护可能发生误动。

倒闸操作时，某间隔由 2M 倒闸至 1M，当断开 2M 隔离开关时动断辅助触点拒合，2M 切换继电器不返回，电压切换回路中 2M 隔离开关辅助触点保持接通状态，1M、2M 电压切换回路同时导通，二次电压并列。

若此时Ⅰ、Ⅱ母存在电势差，将在电压切换回路中形成电流环流，若电流过大将烧毁电压切换继电器，甚至可能导致失灵保护误动作；同时，电流过大会引起电压二次回路空气开关跳闸，区内故障时距离保护可能发生拒动，区外故障时距离保护可能发生误动。

因此针对隔离开关辅助触点不对应引起切换继电器异常动作（复归）的风险，结合相关技术规范标准，电压切换相关二次回路的使用应满足以下要求：

(1) 电压切换继电器使用单位置继电器，一旦发生隔离开关辅助触点不对应，将导致 TV 二次失压或电压二次误并列。因此，电压切换继电器应使用磁保持双位置继电器。

(2) 若电压切换回路中使用不保持触点，一旦隔离开关动合触点发生误分/拒合，将导致 TV 二次失压或电压二次误并列。因此，电压切换回路中应使用保持触点。

(3) 若“切换继电器同时动作”信号使用不保持触点，一旦发生隔离开关动断触点拒分，将引起二次电压误并列且无告警信号。因此，“切换继电器同时动作”信号应使用双位置保持触点。

(4) 若“切换继电器失压/直流消失/回路断线/TV 失压”信号使用保持触点，一旦发生隔离开关动合辅助触点误分，将引起两个切换继电器同时不动作而无告警信号。因此，“切换继电器失压/TV 失压/切换回路断线”信号应使用动合触点启动的单位置不保持触点。

(5) 若断路器启动失灵回路使用切换继电器的双位置保持触点，一旦发生隔离开关动合触点误合/拒分或动断触点拒合，则可能误启动两条母线的失灵，扩大跳闸范围；若断路器启动失灵回路使用切换继电器的单位置不保持触点，一旦发生隔离开关动合触点拒合，则可能无法启动断路器失灵保护，造成大面积停电。综合考虑拒动和误动的风险，启动断路器失灵回路宜使用双位置保持触点。

2.11 开口三角电压回路不能装设空气开关或熔断器

正常运行时，如果三相电压平衡，则开口三角电压的值接近等于零。如果在回路中装设空气开关或者熔断器，一旦空气开关误动或者熔断器烧坏，当故障发生时，保护就不会检测到开口三角电压，导致保护误动或拒动，因此开口三角电压回路不能装设空气开关或熔断器。

由于开口三角电压回路没有装设空气开关或熔断器，没有形成一个明显的断开点，因此在 TV 间隔汇控柜内工作应注意开口三角电压回路误碰其他回路，做好隔离措施。例如在某次 TV 间隔一次设备更换的施工过程中，220V 交流电源误碰开口三角电压回路，导致主变压器保护零序过电压保护动作，跳开主变压器三侧。

2.12 开关场二次绕组中性点经氧化锌阀片接地的要求

2007年4月30日××省某变电站发生一起高频保护区外误动事故，220kV甲线和乙线同运行在Ⅱ母线上，在乙线发生单相故障时乙线保护正确动作，而甲线的对端B屏保护误动跳闸，甲线保护为高频闭锁，事后检查从录波图上看到，甲线保护对侧误动主要是本侧保护在故障反相时未发高频闭锁信号造成的。

经过录波图分析，发现一个时刻的电压、电流幅值两者相加合成后的零序功率方向为正方向。所以故障期间由于电压的异常导致零序功率误判正方向是甲线本侧B相高频保护停信的原因。同时测量两套保护N600对地电压，发现正常情况下A屏保护对地电压为0.01V，而B屏保护对地电压为0.3V（同一表计测量），存在较大的区别，同时审查甲两套保护的电压回路图并现场核对，发现两者N600走线的确存在较大区别，其走线如图2-22所示。

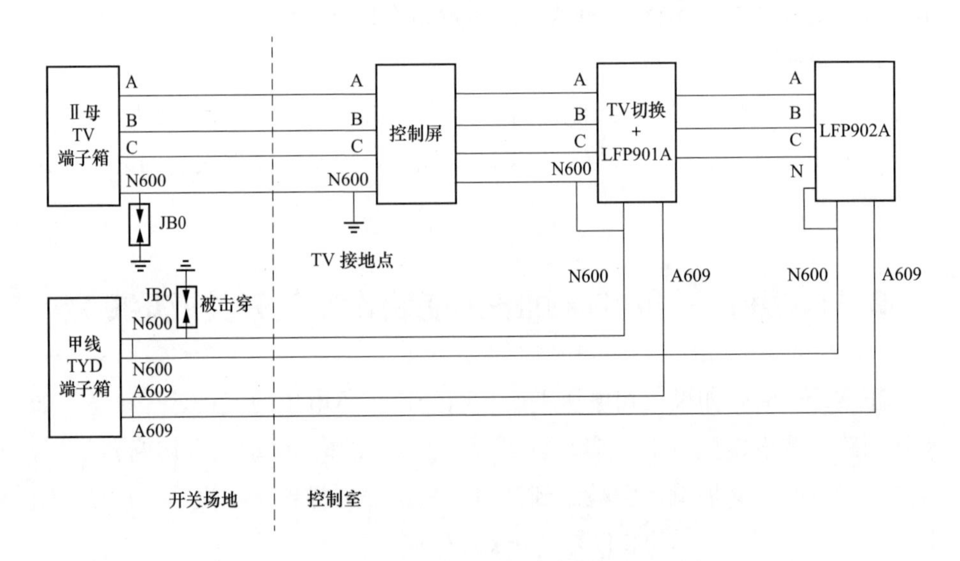

图2-22 N600走向图

在乙线故障时，由于本站侧入地的短路电流较大（从保护数据看约为18kA），使得接地网电位升高，导致甲线TYD的N600击穿熔断器导通，从而在该N600回路上形成两点接地，短路电流使两接地点存在一定的压差，同时由于二次连接电缆阻抗一般较小，因而在回路中形成较大的环流，造成击穿熔断器使导流片炭化，并使得甲线的对端B屏保护的N600与母线TV的N600不等电位，产生附加零序电压，致使零序功率方向由反变正，保护停信。

已在控制室一点接地的电压互感器二次绕组，一般不建议再在开关场将二次绕组中性点经氧化锌阀片接地，以免增加日后的维护工作量和由于TV两点接地导致的保护误动或拒动的概率。如认为必要，氧化锌阀片的击穿电压峰值应大于$30I_{max}$（220kV及以上系统中击穿电压峰值应大于800V，其中I_{max}为电网接地故障时通过变电站的可能最大接地电流有效值，单位为kA）。对网内220kV及500kV电压等级的TV中性点安装的标称电压380V以下（不含380V）的放电间隙或避雷器立即更换为标称电压为380V或以上的低压避雷器。但必须保证避雷器的击穿电压同时满足以下几个要求：

（1）大于系统故障时开关场任意两点地电位差的最大值，确保在关键时刻不出现不允许的N600回路两点接地；

（2）应足够充当二次绕组的绝缘保护，即低于对它规定的耐压水平（2kV、1min）；

（3）如果安装氧化锌避雷器，必须加强巡视，定期检查，如发现异常马上更换；

（4）不宜安装放电间隙，防止放电间隙击穿引起的N600回路两点接地。

3

控制回路隐患分析及防范

3.1　端子排正、负电源应至少采用一个空端子隔开

继电保护及相关设备的端子排，正、负电源之间，跳（合）闸引出线之间及跳（合）闸引出线与正电源之间，交流电源与直流回路之间等应至少采用一个空端子隔开。正、负电源之间应最少隔一个端子，主要是考虑由于电尘、户外端子箱防潮不到位导致绝缘下降或现场操作的误碰等原因，引起正、负电源之间的短路，特别是要注意跳合闸引出端子应与正电源适当分开。如图 3-1 所示，01/1D：43 为跳闸回路正电，03A/1D：44 为 A 相跳闸回路，正电源与跳闸回路相邻，该端子排排布极易引起误跳开关。同时，为了避免交直流互串，交流电源与直流回路之间等应至少采用一个空端子隔开。

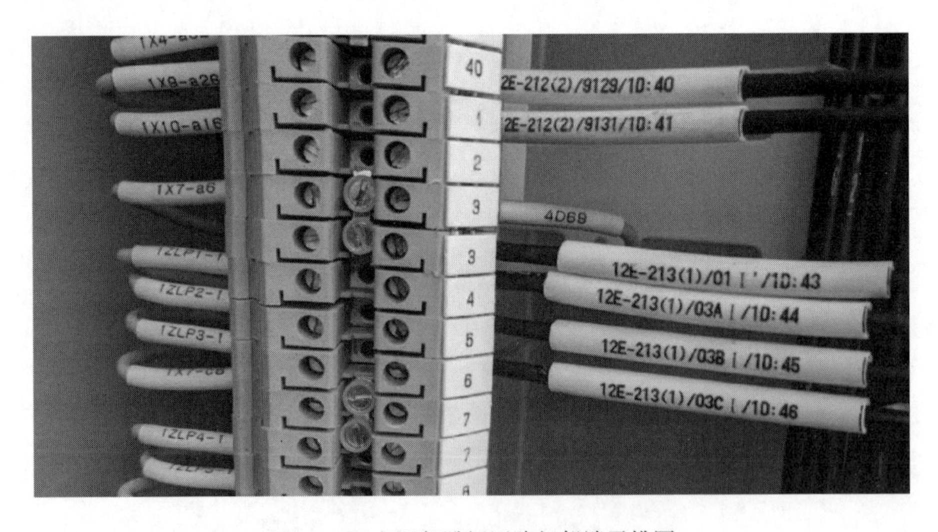

图 3-1　正电源与跳闸回路相邻端子排图

3.2 电缆屏蔽层接地要求

对于单屏蔽层的二次电缆，屏蔽层应两端接地；对于双屏蔽层的二次电缆，外屏蔽层两端接地，内屏蔽层宜在户内端一点接地。以上电缆屏蔽层的接地都应连接在二次接地网上。对于双屏蔽层的二次电缆，由于外屏蔽层本身为导体，外界干扰一般在该层感应，因此应两端接地，可以较好地隔离磁的影响。对于内屏蔽层，经外屏蔽层屏蔽后，可能因为地电位的不平衡产生差模干扰，为求对电的屏蔽效果，宜在户内端一点接地，如此，内屏蔽层中保护端干扰电压较低，由于电容效应，对内导体影响也较小。值得注意的是：铠装铅包不能视为屏蔽层。

不允许用电缆芯两端同时接地的方法作为抗干扰措施，电缆芯两端同时接地也有一定的抗干扰作用，但是若开关场的地电位与控制室的地电位不同，可能在接地芯上产生环流，从而对其他电缆芯产生差模干扰。

3.3 强电、弱电回路不能共用电缆，不同性质的回路不能共用电缆

案例1：2016年7月8日500kV某厂站第四串5141断路器动作。经检查，5141断路器在分位，全站其他一次设备未发现异常，录波报告未发现一次故障电流。监控后台报“交流1号充电机屏直流母线告警”“2号充电机屏直流母线告警”“Ⅰ段直流母线接地”及部分测控装置开入变位信号。现场检查失灵联跳5141断路器回路绝缘偏低，引起变压器冷却回路（交流回路）窜入该回路，并导致5141无故障跳闸。故障原因如图3-2所示。

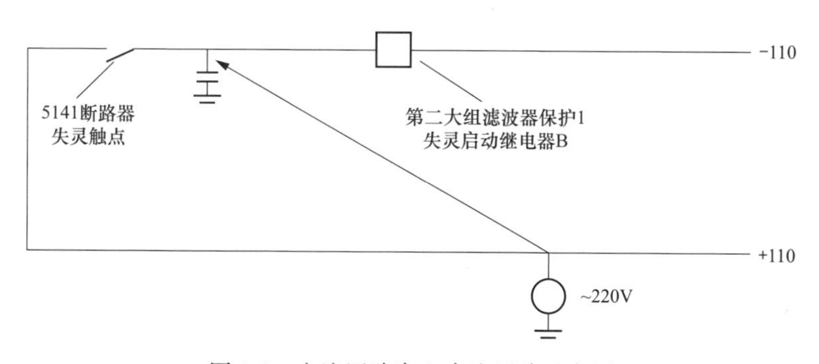

图3-2 交流回路窜入直流回路示意图

案例 2：2015 年 6 月 19 日，××电厂 2 号主变压器低压侧 10kVF15 出线故障，交流高电压进入跳闸控制电缆，导致 2 号主变压器保护装置总出口板损坏；故障发展至主变压器保护区内故障，差动保护、高压侧低电压过电流保护、瓦斯保护均无法动作切除故障；电厂对侧 220kV 清南双回、清站双回后备保护正确动作切除故障；导致变压器爆炸。

在设备运行及现场作业中，时常出现因二次回路或继电保护装置抗干扰能力差导致的保护跳闸事故。导致继电保护事故的干扰形式主要有以下几种：

（1）静电耦合干扰。由于电气设备、导线及电缆间存在大小不等的分布电容，所以一次设备与二次设备之间存在静电耦合干扰，包括一次母线和二次电缆间的静电耦合及互感器一、二次绕组间的静电耦合。

（2）电磁感应干扰。由于导体周围存在着磁场，与其他导体间存在着互感，所以一次回路与二次回路间电磁耦合形成电磁感应干扰，包括一次母线和二次电缆以及互感器一、二次电缆以及互感器一、二次绕组之间的电磁耦合，当一次出现扰动或暂态过程时，会通过电磁耦合传递到二次侧，对二次回路形成干扰。

（3）地电位差产生的干扰。当大电流接地系统发生接地故障或避雷器动作时，接地网中将流过很大的故障电流，此电流流经接地体的阻抗时便会产生电压降，使得变电站内的各点电位有较大的差别。当同一电缆连接到变电站的不同区域并且有多点接地时，各接地点间电位差就会在连接的电缆芯中产生电流，这个电流的存在将造成保护的不正确动作。

（4）二次回路自身造成的干扰。变电站的二次回路错综复杂，有强电、有弱电，当它们通过各种控制信号及电压、电流时，会对其他的回路产生干扰电压，但其中最为严重的干扰来源于二次回路继电器及断路器分合线圈等电感元件。

（5）交直流回路互窜。交流回路为接地回路，直流回路为绝缘系统，直流系统的异常将影响全站设备的安全运行。当交流回路窜入直流系统时，导致直流接地，可能导致运行设备误动或者拒动，同时也影响直流接地监视装置的正常运行。

（6）动力电源对弱电回路的影响。当动力负载不对称时，将产生不对称零序磁通，可能在弱电回路感应出电动势，影响弱点回路设备的正常工作，甚至造成损坏；若动力负载回路发生故障，严重时可能引发火灾，将二次弱电回路烧损造成事故。

为了避免干扰导致继电保护事故，在对二次回路设计时，做到以下几点：

(1) 一次电缆与二次电缆不能同沟敷设，若一次电缆发生故障，严重时可能发生爆炸，引发火灾，将二次电缆烧损造成事故。

(2) 需要对二次回路和保护装置采取抗干扰措施，并按照规程要求合理布置变电站二次接地网及接地线，对来自一次设备的无线干扰，可通过电磁屏蔽措施有效地预防。

(3) 合理规划二次电缆的路径，尽可能离开高压母线、避雷器和避雷针的接地点、并联电容器、电容式电压互感器、结合电容及电容式套管等设备，避免和减少迂回，缩短二次电缆的长度，与运行设备无关的电缆应予以拆除。

(4) 合理布置电缆二次线，将强弱电、动力电缆与控制电缆、直流电缆和交流电缆分开。动力电缆和控制电缆应按种类分层敷设，严禁用同一电缆的不同导线同时传送动力电源和信号。

(5) 交流电压和电流回路、直流回路及电源四部分均应使用独立电缆，并且同一组交流电压回路应与其中性线使用同一根电缆，同一组交流电流回路应与其中性线使用同一根电缆。

3.4 长电缆跳闸的回路，应防止电缆分布电容导致出口继电器误动

2014 年 12 月 25 日，220kV 某变电站 3 号主变压器低压侧 503B 断路器跳闸，10kV 备自投装置动作合上 10kV 3BM、2BM 分段 532B 断路器，由 2 号主变压器带 10kV 3BM 母线负荷。经现场检查为 3 号主变压器低压侧 503B 断路器二次回路单点接地引起的断路器偷跳，相关设备没有故障。

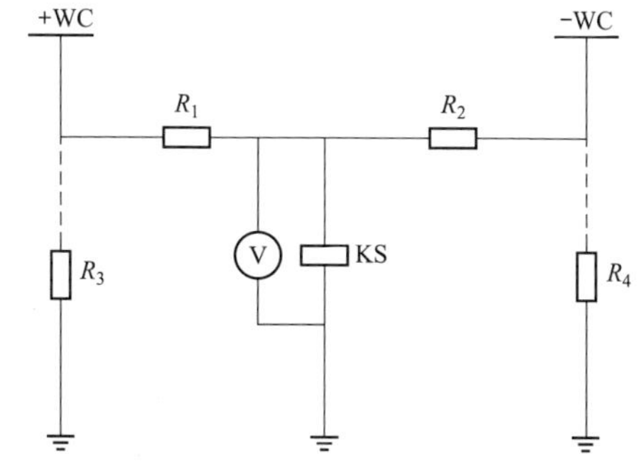

图 3-3 直流绝缘监测装置原理图

跳闸原因分析：直流系统为不接地系统，直流系统的两极对地没有电压，大地也没有直流电位。直流绝缘监测装置为了能监测直流系统两极电压和接地点，必须设置参考点，如图 3-3 所示，$R_1=R_2$。正常情况下，

可以认为，$R_1=R_2$，$R_3=R_4$，则电压表的读数为零，用万用表测量正极对地为+110V，负极对地为−110V。

此次电缆接地在3-4所示位置发生接地，接地处4n920及与其相通的4n905电压接近0V，直流系统正电由于装置内元器件的分压作用降低到+65V左右，直流系统负电降低到−155V左右。其系统模型如图3-5所示。

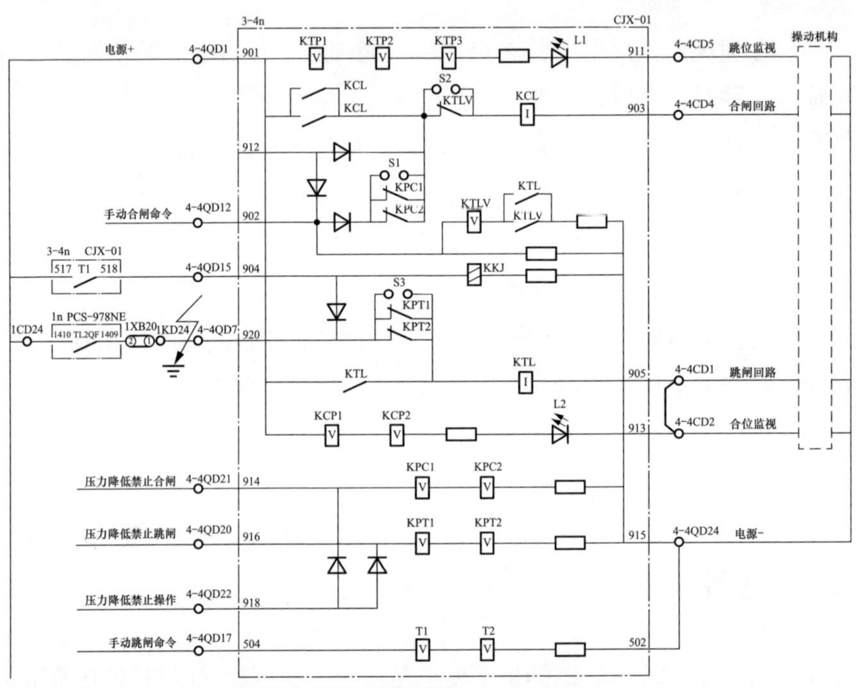

图3-4　直流接地时控制回路图

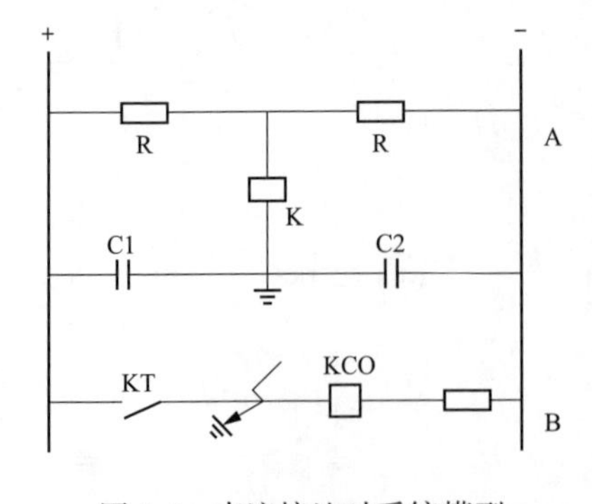

图3-5　直流接地时系统模型

直流系统产生分布式电容，从直流系统负极到接地点的电缆，由直流馈线屏到503B开关柜的长电缆和503B开关柜到主控室接地点的电缆组成，由于负极到开关柜的长电缆产生较大的分布式电容（等效为图3-5中C2），因此在直流接地后，大电容C2两端通过直流绝缘监察装置接地点和直流接地点形成回路，C2对地放电，形成一个瞬间电流，该电流流过503B断路器跳闸线圈，当该电流达到线圈动作电流时，则会造成503B断路器跳闸。

对经长电缆跳闸的回路，要采取防止长电缆分布电容影响和防止出口继电器误动的措施，如采取不同用途的电缆分开布置、增加出口继电器动作功率，或通过光纤跳闸通道传送跳闸信号等措施。由于长电缆分布电容的影响，继电器线圈正电源侧接地时可能引起继电器的误动，一般要求增加出口继电器动作功率，因此规定：跳闸出口继电器的启动电压不宜低于直流额定电压的50%；由变压器、电抗器瓦斯保护启动的中间继电器，由于高压场地到主控制室的电缆长，电缆电容大，为避免电源正极接地误动作，应采用较大启动功率的中间继电器，但不要求快速动作。跳闸出口继电器的启动电压并非越高越好，因为当直流电源降低时，若系统故障，必须保证出口继电器的可靠动作及正常情况下的快速动作。

日常工作中落实好防范一点接地造成断路器跳闸风险的安全措施：对于定检工作，经压板的出口回路可考虑只退压板不解线，防止解除/接入过程中造成接地或误碰，引发跳闸事故，但应通过短时松线的方法检查该回路是否经过压板，对于未经压板的回路必须解线。对于技改工作，因施工过程会抽电缆、动装置，对于此类工作中存在误碰风险的回路，应将两端解开并用绝缘胶布包好。此外还应规范对万用表的使用，万用表应按规定周期及时送检，使用前应确认所置挡位是否正确，严禁使用通断挡、电流挡等小电阻挡位量取出口电压，严禁在表笔已经与回路连接的情况下进行挡位切换。

同时二次回路绝缘不良导致的一点接地也是引起保护跳闸的主要原因，主要存在于控制回路，由于其可能引起保护误动或拒动，进而导致严重的电网事故，所以一直在行业内备受重视。总结历年事故情况，二次回路绝缘损坏主要有以下几种原因：

（1）控制电缆、二次导线陈旧性绝缘老化导致事故。

（2）控制电缆、二次导线因本身质量问题造成的绝缘击穿导致8事故。

（3）施工工艺、质量问题造成的绝缘破损导致事故。如屏蔽电缆的施工过程中，屏蔽层引接时出现的因焊接、引接而造成的绝缘问题等。

（4）特殊点的回路绝缘损坏造成的事故。如保护的跳闸出口回路绝缘损坏有可能直接造成断路器误跳闸。

因此要想防止二次回路绝缘损坏，必须在作业中对二次回路进行定期检查、消缺，对采购渠道严格把关，同时应加强工程施工管理，在二次电缆铺设前，应提前对二次电缆进行绝缘测试，这样才能早发现、早处理，以避免电缆全部铺设完毕后发现绝缘问题时再进行更换而出现的畏难情绪和造成延误送电等不良后果。新工厂验收投运、定检一定要按照规程做好绝缘检测工作。

3.5 断路器机构防跳与操作箱的配合问题

2011 年 7 月 30 日，某电厂Ⅰ线 A 相接地故障，Ⅰ线主Ⅰ保护、主Ⅱ保护、5912 和 5913 断路器保护动作，5912、5913 断路器 A 相跳闸，单跳单重，5912 断路器重合闸动作不成功（5912 先重，5913 后重），5912、5913 断路器三相跳闸。Ⅰ线对侧变电站主Ⅰ保护、主Ⅱ保护、5805 断路器保护动作，断路器 A 相跳闸，由于大电厂侧断路器合于故障后跳闸，且电厂侧重合闸方式整定“电厂侧”，5805 断路器 A 相未重合，三相不一致保护动作跳闸。经检查 5912 重合不成功是因为机构防跳回路与操作箱配合存在问题。如图 3-6 所示，因操作箱的 KTP 回路与机构的 KCF 防跳继电器参数不匹配，导致断路器分开后，KTP、QF 动合触点与 KCF 形成通路，KCF 继电器励磁，合闸回路中 KCF 动断触点打开，重合闸回路断开。

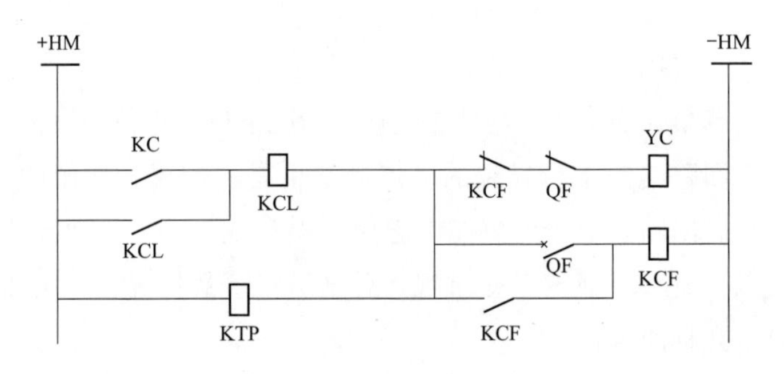

图 3-6 防跳回路原理图

防跳回路一般有两种，一种是保护防跳，另一种是机构防跳。

保护防跳由操作箱内继电器完成，其对于发生在手动合闸触点粘连、重合闸触点粘连、遥控合闸触点粘连等操作箱内引起的二次回路故障，可实现防止断路器跳跃。但是对于机构二次线引起的合闸回路搭碰的故障，无法实现防跳功能。保护防跳具有保护跳闸出口自保持功能，可保证断路器可靠分闸，同时可保证出口继电器触点不被用来灭分闸回路的直流弧。

机构防跳由机构二次线完成，是一个比较完整的防跳回路，除了对发生在手动合闸触点粘连、重合闸触点粘连、遥控合闸触点粘连等操作箱内引起的二次回路故障具有防跳功能，对于机构二次线引起的合闸回路搭碰的故障，还可实现防跳功能。但是其不具备保护跳闸出口自保持功能。也就是说使用机构防跳，其保护跳闸出口回路需要另考虑自保持问题。

随着智能化一次设备和网络化二次设备的一、二次设备的融合，结合断路器操作回路完全双重化的需求，再考虑到断路器防跳与自身分合闸特性的配合问题，建议采用断路器机构防跳，断路器操作箱防跳和机构防跳不能同时投入。但是采用断路器机构防跳要注意与操作箱的配合问题。

1. 操作箱 KTP 回路与机构防跳回路的配合问题

若操作箱 KTP 继电器及其电阻，与机构防跳继电器及其电阻的参数配合不当，可能导致操作箱的 KTP 继电器与机构防跳继电器在断路器合位时形成保持回路，防跳继电器始终处于励磁状态，合闸回路一直被断开。

2. 断路器合闸回路为三相电气联动时，分相操作箱与机构防跳回路的配合问题

当断路器合闸回路为三相电气联动时，为达到三相同时合闸的目的，设计时往往将断路器操作箱分相合闸出口回路三相短接后接至断路器机构合闸回路，在采用机构防跳时，由于操作箱内三相合闸保持继电器返回电流略有差异或触点断开的速度有差别，造成动作较慢的合闸保持继电器接通三相防跳回路的情况，这导致该相合闸保持继电器无法返回，机构防跳回路始终处于动作状态，合闸回路一直被断开。

3. 操作箱合闸保持回路与机构防跳回路的配合问题

以图 3-7 为例，断路器合闸完成后，动断触点 52b 断开合闸回路，动合触点 52a 闭合，正电源经合闸保持触点 KCLA、合闸保持继电器 KCLA、操作箱防跳动断触点 1TBUA（2TBUA)、远方就地切换把手、断路器动断触点 52a、机构防跳继电器 52YA 到负电源形成通路。正常情况下，需要该回路电流小于合闸保持继电器 KCLA 的自保持电流，通过 KCLA 的复归，断开该回路。

如果操作箱合闸保持回路与机构防跳回路的参数配合不当，可能导致在断路器合闸后，操作箱的合闸保持继电器 KCLA 无法返回，造成机构防跳回路始终处于动作状态，合闸回路一直被断开。

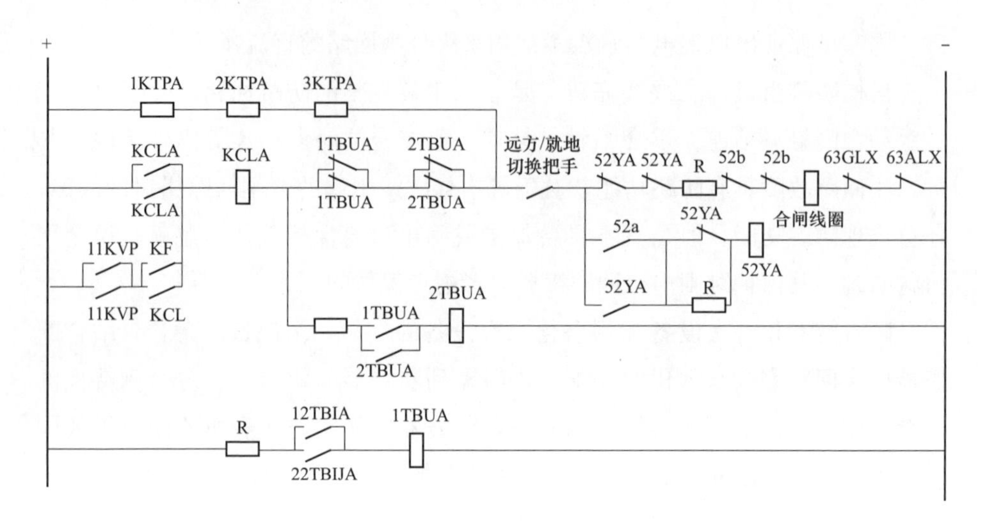

图 3-7　断路器控制回路

针对上述 3 个保护操作箱与断路器机构防跳的配合问题，目前均已采取了针对性的解决措施：

（1）针对操作箱 KTP 回路与机构防跳回路的配合问题，根据相关标准规定，跳位监视回路应能监视完整的合闸回路，当采用断路器本体防跳回路时，跳位监视回路中应串入断路器动断辅助触点和本体防跳继电器动断触点。

（2）针对断路器合闸回路为三相电气联动时分相操作箱与机构防跳回路的配合问题，已明确要求断路器合闸回路应采用分相合闸方式，消除各相控制回路之间的影响。

（3）目前暂无针对操作箱合闸保持回路与机构防跳回路配合问题的措施，因此在使用机构防跳时，要结合合闸电流水平，对合闸保持回路和机构防跳配合关系进行核算，要求操作箱合闸自保持回路串接机构防跳回路实现防跳自保持时，回路电流应保证合闸自保持回路可靠返回。如果发现合闸保持回路和机构防跳的配合不当时，在操作箱生产厂家合闸保持继电器旁选择合适的并联电阻解决配合问题。

3.6　断路器机构与操作箱监视回路的配合问题

2011 年 3 月 20 日，在 500kV ××站 1 号主变压器停电检修工作结束恢复送电值班人员操作合上 1 号主变压器 220kV 侧 2001 断路器过程中，A、B

相无法合闸，2001 断路器 RCS-974FG 保护的三相不一致保护不动作，暴露出设计缺陷。

在分相操作箱配合分相断路器机构的情况下，如果错误的将 A、B、C 三相合闸（监视）回路短接，将造成任意一相或两相断路器机构合闸回路开路时，操作箱监视回路无法正确判断回路完好性的情况，无法发出控制回路断线信号，开路的相关回路无法正确动作出口，且保护的三相不一致保护无法正确动作，如图 3-8 所示。

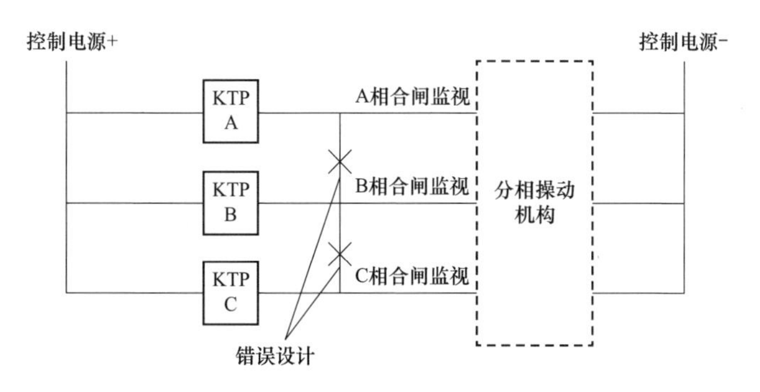

说明：该回路省略分相跳合跳闸及操作箱其他相关回路。

图 3-8　监视回路设计缺陷

在分相操作箱配合分相断路器机构的情况下，跳闸回路仍然不能采用此类设计，应采用分相分合闸方式。设计原则为在操作箱至断路器机构回路中出现任意相开路，操作箱监视回路均应能反应，发控制回路断线信号，且单相操作箱不能与分相断路器配合设计。

KTP 监视应能监视远方/就地切换把手、断路器辅助触点、合闸线圈等完整的合闸回路。KTP 未监视远方/就地切换把手，则断路器远方/就地切换把手切换至就地位置时保护操作箱无法发出“控制回路断线”信号，影响监视功能。

KCP 监视应能监视远方/就地切换把手、断路器辅助触点、跳闸线圈等完整的跳闸回路。KCP 未监视远方/就地切换把手，则断路器处于合位时，远方/就地切换把手切换至就地位置，此时若被保护间隔发生故障，断路器将无法正常跳开，属紧急缺陷，但此时保护操作箱无法发出“控制回路断线”信号，即断路器不能跳开这一缺陷将无法被及时发现。

3.7 双重化的保护、跳闸、通道设备等直流供电电源应满足 *N*-1 的要求

2016 年 7 月 29 日 220kV ××Ⅱ线发生 A 相接地故障，M 厂站侧纵联差动、距离Ⅱ段保护动作，但 209 断路器未跳开；对侧 N 站 220kV ××Ⅰ线距离Ⅱ段保护动作，重合于故障后加速动作跳开Ⅱ线断路器；M 厂站全站失压。后经检查发现 M 厂站 209 断路器未跳开的原因是保护电源Ⅰ和操作电源Ⅱ交叉，发生故障时第一组直流电源失压，造成主Ⅰ保护和断路器第二组跳闸线圈均无电源，保护无法动作切除故障。M 厂站主接线示意图如图 3-9 所示。

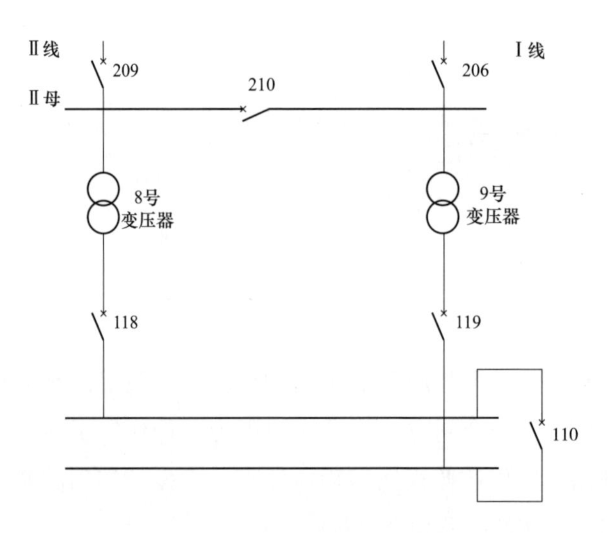

图 3-9 M 厂站主接线示意图

互为冗余配置的两套主保护、两套安全稳定装置、两组跳闸回路、两套通道设备等的直流供电电源必须取自不同段直流母线，并且要一一对应。

双重化配置的两套保护装置跳闸回路应相互独立，动作于断路器的不同跳闸线圈，并且两套保护与断路器的两组跳闸线圈一一对应，其保护电源和控制电源必须取自同一段直流母线电源。

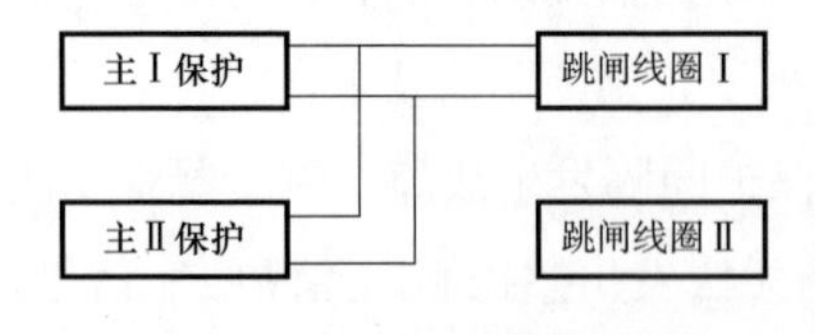

图 3-10 跳闸回路示意图

如图 3-10 所示，若双重化的保护装置都动作于断路器的同一跳闸线圈，那么在跳闸线圈Ⅰ烧毁或故障的情况下，两套保

护装置都不能跳闸，失去了双重化配置保护的意义。

如图 3-11 所示，若保护电源和控制电源取自不同段直流母线电源，在两段直流中只要有其中的任意一段直流故障或失压，将造成双重化的保护都不能切除故障。

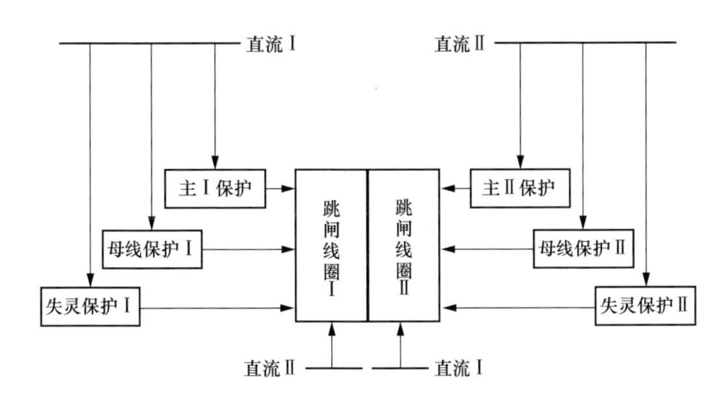

图 3-11　直流电源接线示意图（错误）

因此在验收或定检过程中，要从直流馈线屏的源头分别拉合保护装置电源和断路器控制电源，以检验保护装置电源和所对应的控制电源取自同一直流母线。而且为了日后的维护方便，建议：主Ⅰ保护装置跳断路器的第一线圈，并且主Ⅰ保护装置和跳闸线圈Ⅰ取直流母线Ⅰ电源；主Ⅱ保护装置跳断路器的第二线圈，并且主Ⅱ保护装置和跳闸线圈Ⅱ取直流母线Ⅱ电源，如图 3-12 所示。同时，在现场验收过程中，严格按照验收规范通过拉保护电源和控制电源的方法检验回路的正确性。

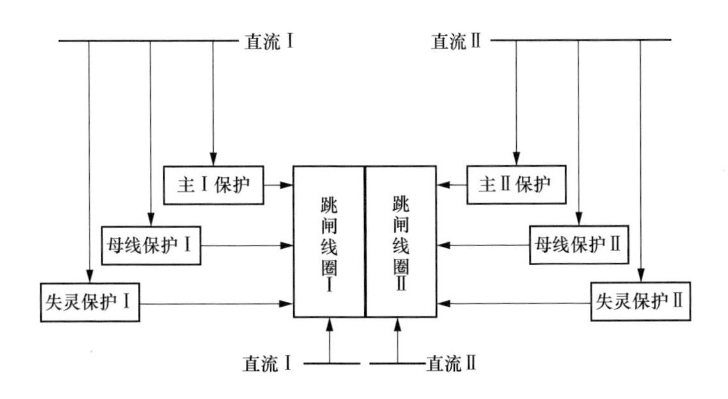

图 3-12　直流电源接线示意图（正确）

3.8 单套配置的保护、安稳装置的电源及跳合闸回路的要求

110kV 及以下等级的单套配置的保护装置，要求保护装置电源和控制电源必须取自直流同一母线。

220kV 及以上单套配置的保护装置，如 500kV 断路器失灵保护、220kV 旁路保护、主变压器非电量保护等，则要求保护装置同时跳断路器的两个线圈，并且断路器的两个线圈的电源必须取自不同的直流母线段。

3.9 双重化的两套保护、跳闸回路等两组直流电源之间不允许采用自动切换

断路器的两组控制电源取自不同段直流母线段可提高直流电源的供电可靠性。一路直流电源故障时，若直流回路采用自动切换后由第二路直流电源供电，则第二路直流电源也可能发生故障，造成两路直流均失去。

一般厂家操作箱都带有两路控制电源切换回路，如图 3-13 所示。因此在新装置验收时，要取消操作箱的控制电源切换回路，同时要防止切换回路取消不彻底而导致的直流寄生。

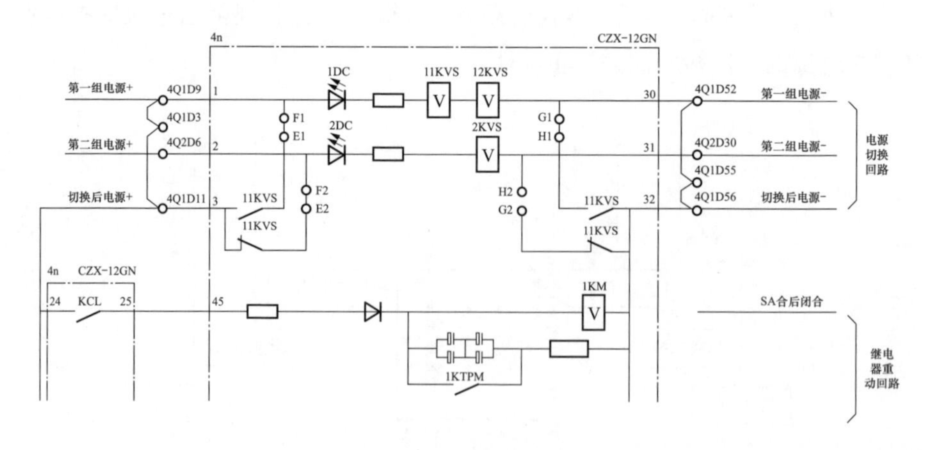

图 3-13　电源切换回路

断路器只提供一组压力低闭锁重合闸辅助触点时，压力低闭锁重合闸回

路应选用第一路直流电源供电，而不应经操作箱直流电源切换提供。由于压力低触点需从开关机构箱取得，由保护操作箱到开关机构箱的一对连线较长，若其负端与其他回路短路，将造成第一路直流电源短路，此时若压力低闭锁重合闸回路经操作箱直流电源切换至第二路直流电源，将使第二路直流电源也短路，造成操作箱同时失去两路直流电源。只选用第一路直流电源供电，若第一路直流电源失去，将导致压力低闭锁重合闸信号被开入保护，同时合闸回路失电，但是第二路直流电源正常，此时如果发生故障，保护能够正常跳开断路器，降低了两路直流电源断路器同时拒动的风险。

新建、改扩建工程，本着断路器的问题断路器自己解决的原则，压力低禁止跳、合闸功能应由断路器本体实现，为提高可靠性，应选用能提供两组完全独立的压力闭锁触点的断路器，两组压力闭锁回路分别采用第一、二路直流电源供电，并与两组跳闸回路一一对应。当一套压力闭锁元件异常或一路直流电源回路异常时，另一套压力闭锁元件和直流供电回路仍可正常工作，所属跳闸回路也可正常工作。解决了因单路直流供电，造成控制回路断线时断路器无法实现跳、合闸的问题。

若断路器操动机构箱内或保护操作箱内只有一组压力闭锁回路，应选用第一路直流电源供电，电源消失时，跳闸回路压力触点应处于闭合状态。

3.10 220kV及以上非机械联动的断路器本体应装设三相不一致保护

虽然220kV及以上断路器装设有经电流量闭锁的三相不一致保护，但由电气量闭锁的三相不一致保护在负荷电流较小的情况下可能存在拒动的可能。断路器三相不一致保护的主要功能是提供保护断路器本体的功能，本着断路器的问题断路器自己解决的原则，220kV及以上非机械联动的断路器本体要装设两组完全独立的三相不一致保护，两组保护分别采用第一、二路直流电源供电，并且两套保护与断路器的两组跳闸线圈一一对应。

由于断路器本体三相不一致保护运行环境比较恶劣，因此对本体三相不一致保护使用的时间继电器及出口继电器有特殊要求。

时间继电器要求质量良好，时间刻度范围0～5s连续可调，刻度误差与时间整定值静态偏差不大于±0.1s，且保证在强电磁环境下运行不易损坏，不发生误动、拒动，不满足上述要求的时间继电器必须更换。采用单相重合闸的线路断路器，其本体及电气量三相不一致保护动作时间应可靠躲过单相重合闸时间，且动作时间不大于2s；其他情况下不需要考虑和重合闸配合的，时间可缩短，但不低于0.5s。

跳闸出口重动继电器宜采用启动功率不小于5W、动作电压介于55%～65%U_N（额定电压）、动作时间不小于10ms的中间继电器。

本体两组三相不一致保护，在启动回路中应串有分别对应两组三相不一致保护功能投退的压板，在跳闸出口回路中应串有分别对应两个跳闸线圈的出口投退的压板。

本体三相不一致保护动作不仅要有区别于电气量闭锁的三相不一致保护动作的信号，而且两组本体三相不一致保护动作的信号也要有区分。

断路器本体三相不一致保护安装在开关场地，运行条件较为恶劣，往往受电磁干扰、高温、高湿、振动等条件的影响，容易造成单个元器件失效而导致断路器本体三相不一致保护的误动。有必要对断路器本体三相不一致保护的回路进行改进，确保设备安全稳定运行。

在大部分断路器本体三相不一致保护回路设计中，如图3-14所示，当断路器在合闸状态时，继电器故障或人为误碰使本体三相不一致保护回路的时间继电器KT或跳闸出口继电器KCO动作，都会造成断路器跳闸回路启动，造成运行中的断路器跳闸。

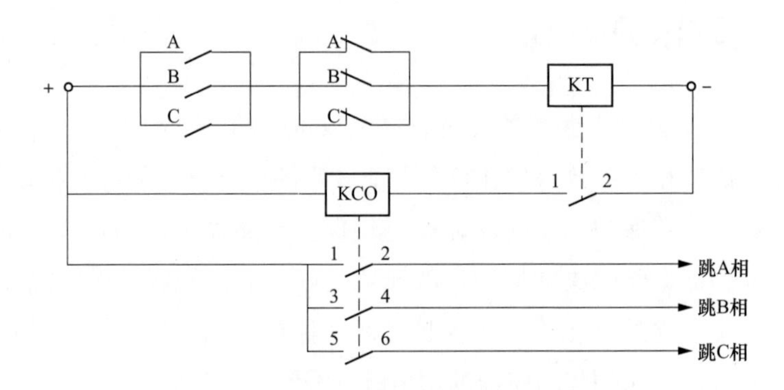

图3-14　三相不一致原理图

针对以上问题，建议根据现场实际情况按照下面方式进行改进。

方法1：将原三相不一致保护跳闸出口回路动合触点的公共触点改至断路器动断辅助触点与KT线圈中间，如图3-15所示。断路器在合闸状态时，动断辅助触点断开，即使三相不一致时继电器出现故障或误碰，也不会造成断路器跳闸。在断路器三相不一致时，三相不一致保护回路接通，启动跳闸时间继电器，经延时后跳闸出口继电器动作，断路器跳闸。

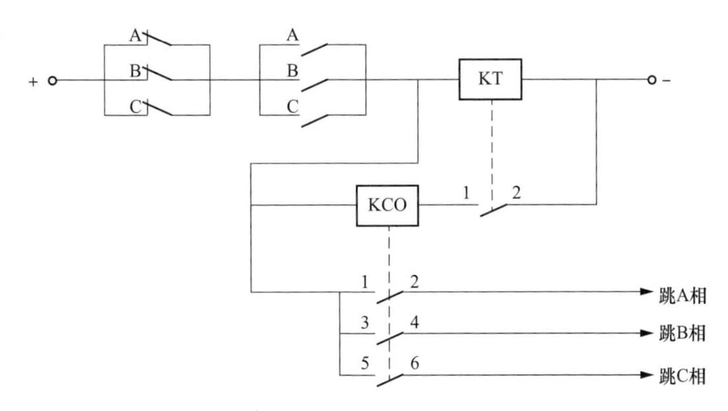

图 3-15 改进后三相不一致原理图一

此方法可有效避免由于人为误碰、外力作用或三相不一致时间继电器或出口继电器故障引起的本体三相不一致保护回路误动，提高运行可靠性。

此改进方法适合于带有复归功能继电器的保护回路改进。与原保护回路比较，此方案接线变动最小。

方法 2：将原三相不一致保护跳闸出口回路动合触点的公共触点改至断路器动断辅助触点与动合辅助触点中间，如图 3-16 所示。断路器在合闸状态时，动断辅助触点断开，即使三相不一致继电器出现故障或误碰，也不会造成断路器跳闸。在断路器三相不一致时，三相不一致保护回路接通，启动跳闸时间继电器，经延时后跳闸出口继电器动作，断路器跳闸。

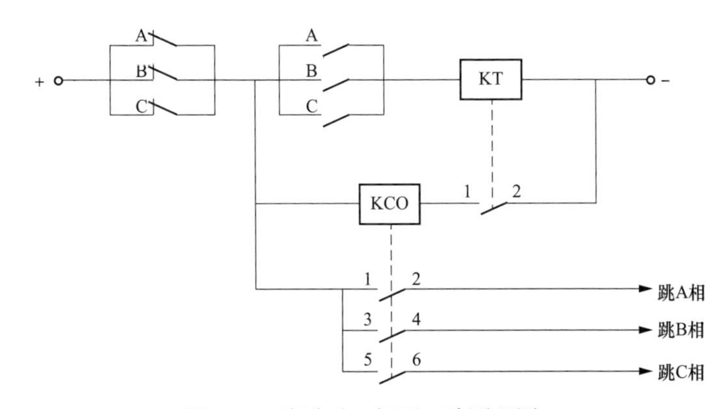

图 3-16 改进后三相不一致原理图二

此方法可有效避免由于人为误碰、外力作用或三相不一致时间继电器或出口继电器故障引起的本体三相不一致保护回路误动，提高运行可靠性。

此改进方法适用于不带有复归功能继电器的保护回路改进，但接线的改动比第一种改进方法大。

3.11 熔断器和空气开关的选择与配合

在直流系统中，熔断器与空气开关是各直流出线的过电流和短路故障的保护元件，可作为直流馈线回路供电网络断开和隔离之用。

空气开关有交流特性、直流特性和交直流特性三种，不同特性的空气开关的过电流保护特性（以各种过电流情况与空气开关动作时间的关系曲线来描述）不同。在为直流系统选择电源开关时，只应选择专用直流自动空气开关，尤其是在直流蓄电池组系统和直流晶闸管供电系统中，为更好地保护蓄电池组和晶闸管，应选用快速直流自动空气开关。

使用具有切断直流负载能力的、不带热保护的小空气开关取代原有的直流熔断器，小空气开关的额定工作电流应按最大动态负荷电流（即保护三相同时动作、跳闸和收发信机在满功率发信的状态下）的 1.5～2.0 倍选用。

根据现场实际情况，可采用直流熔断器，甚至熔断器和直流空气开关混用，但应注意上下级之间的配合。当直流空气开关与熔断器配合时，应考虑动作特性的不同，对级差做适当调整。直流空气开关下一级不宜再接熔断器。上、下级均为熔断器的，按照 2 倍及以上额定电流选择级差配合。上、下级均为直流空气开关的，按照 4 级及以上额定电流选择级差配合。上级为熔断器，下级为直流空气开关的，按照 2 倍及以上额定电流选择级差配合。变电站内设置直流保护电器的级数不宜超过 4 级。

3.12 信号电源的使用

每个间隔的信号回路由专用的直流空气开关（直流熔断器）供电，不得与其他回路混用，集中组屏的测控装置宜采用辐射供电方式，每面屏配置一路直流电源；就地安装的保护测控一体化装置，宜采用环网供电方式。

一般按测控装置来配置信号电源，例如主变压器间隔，每一个测控装置需要配置一个专用独立的信号电源，不同的测控装置对应的信号电源不能混用，避免直流回路的寄生。测控屏上的断路器分合闸位置指示灯的电源要使用相应测控装置的信号电源，不能使用控制电源，避免指示灯短路引起控制电源的失电。

3.13 保护压板的投退操作

保护屏内作业，没有正确退出跳运行设备关联的压板，导致运行设备跳闸。对于同一保护（安全自动）装置关联着多个一次设备间隔，例如母线差动失灵保护，在作业过程中，虽然工作对象的保护（安全自动）装置在退出检修状态，但其相关联的一次设备或周边装置仍然处在正常运行中，作业前必须对相关回路、元器件等区域进行防误隔离。应退出屏内检修装置与运行设备相关的出口压板，用绝缘胶布包扎住出口压板上端，且用绝缘胶布封住对应回路的端子排。

220kV 或 110kV 母线为双母双分段接线方式，主变压器从一段母线倒至另一段母线后，应同步投入主变压器保护联跳另一段母线的分段断路器压板，并退出原一段母线的分段断路器压板，防止主变压器保护误跳非关联母线分段断路器。

对于采用母线运行状态由母联（分段）断路器辅助触点自动识别方式的母线保护，母线保护屏内双母分列运行投入压板或母联（分段）检修压板应按下列原则投退：母联（分段）断路器处于运行或热备用状态时退出上述压板，母联（分段）断路器处于冷备用或检修状态时投入上述压板；当母线运行方式由并列转分列运行后，应在母线差动保护上确认母线保护母联（分段）断路器状态，母线保护装置识别的母线运行方式以及母联（分段）断路器位置应正确；当变电站母线长期处于分列运行方式时，应定期巡视，确保母线差动保护母联（分段）断路器状态开入正确。

安全自动装置的运行、检修、旁代压板投退必须与对应的线路及主变压器实际运行状态一致。除试运行和投信号状态外，安全自动装置的元件允切压板与出口压板应遵循“同投同退”原则：在投入元件出口压板时，应同时投入对应元件的允切压板；在退出元件出口压板时，应同时退出对应元件的允切压板。

安全自动装置的线路、主变压器和母线运行压板的投退操作须遵循“后退先投”原则：一次设备停电操作后，再退出相应元件的运行压板；一次设备复电前，先投入运行压板。

安全自动装置的线路、主变压器和母线检修压板的投退操作须遵循“后投先退”原则：一次设备停电操作后，再投入相应元件的检修压板；一次设备复电前，先退出检修压板。

安全自动装置在旁路开关代路时，旁代压板须遵循“先投先退”原则：一次旁路开关代路操作前，应先投入元件的旁代压板，再操作一次旁路开关；一次旁路开关代路工作完毕，需恢复正常旁路开关供电操作前，应先退出元件的旁代压板，后操作一次旁路开关。

3.14 断路器机构压力低闭锁与保护的配合问题

2015 年 9 月 10 日，某 110kV 变电站 110kV ××线发生永久性故障，由于“弹簧未储能触点”误接入操作箱压力闭锁跳闸回路，导致保护重合于故障后断路器拒动。事件造成该站 1、2、3 号主变压器中压侧后备保护跳闸，全站 110kV 双母线失压（所有元件挂在 2M 上，母联刚对 IM 进行充电）。

经检查，110kV ××线路 A 相因外力破坏发生永久性故障，线路保护差动保护动作跳断路器，重合于故障，电流差动保护动作，距离加速、零序加速保护动作，断路器未跳开。随后 1、2、3 号主变压器保护后备保护动作跳开 110kV 母联 110 断路器及 1、2、3 号主变压器中压侧断路器。

进一步检查分析 110kV ××线路断路器未跳开原因：该线路断路器机构“自动重合闸联锁 1”（合闸弹簧未储能与 SF_6 气压低触点并联）接入保护操作板“气压不足”（跳合闸压力低闭锁回路）开入，断路器重合后，弹簧需储能的时间约为 9.7s，在储能期间闭锁跳合闸回路，导致断路器不能跳开，如图 3-17 所示。

该设计不符合《南方电网 10kV～110kV 线路保护技术规范》的要求：当断路器操动机构本体配置了相应的压力闭锁回路时，应取消串接在操作箱（插件）跳合闸控制回路中的压力触点。

关于断路器机构本体压力低（弹簧未储能）与保护的配合应按照以下要

求配置：

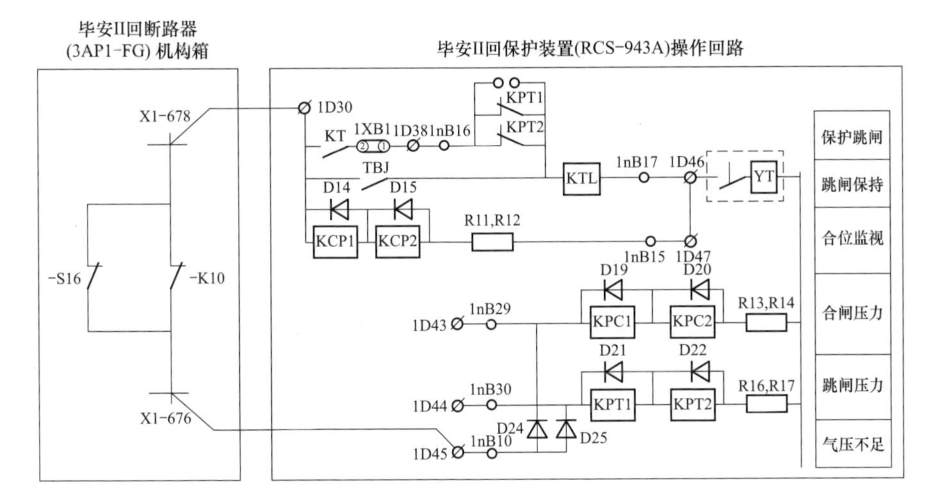

图 3-17　故障线路保护压力回路接线示意图

（1）采用油压、气压作为操动机构的断路器，压力低闭锁重合闸触点应接入操作箱。

（2）对断路器机构本体配置了相应的压力低闭锁跳、合闸回路的新投运保护设备，应取消串接在操作箱跳合闸控制回路中的压力触点。

（3）已投运行操作箱接入断路器压力低闭锁触点后，应能保证可靠切除永久故障（对于线路保护应满足“分—合—分”动作要求）；断路器弹簧机构未储能触点不得闭锁跳闸回路。

（4）220kV 及以上断路器应具备两组独立的断路器跳闸压力闭锁回路，实现跳闸回路相互独立。

（5）当保护装置重合闸压力闭锁为弱电开入时，操作箱的“压力低闭锁重合闸”电源回路固定用第一组跳闸电源。

保护改造、新建工程应该严格按照以上要求设计、施工、验收。其次要完善定检、验收作业表单，将线路保护“分—合—分”的传动步骤固化在作业表单中，在工作现场按照表单步骤实施。

3.15　断路器机构弹簧储能回路与保护装置的配合问题

2016 年 3 月，220kV ××变电站 220kV ××线保护定检时，在进行保护装置整组传动试验过程中发现，线路主Ⅰ保护装置试验永久故障，加速动作后三相偷跳启动断路器重合闸，经多次现场反复试验验证是由于保护装置重合闸充电逻辑与断路器弹簧储能时间失配造成的。保护设置如下：

（1）正常运行时，断路器重合闸方式为特殊重合闸检无压方式。特殊重合闸方式的实现：保护定值控制字“多相故障闭重”置“1”，同时重合闸把手置“三重”位置（即实现单相故障跳三相，三相重合，多相故障跳三相不重合）。

（2）定值项中“三相 KTP 启重合”控制字置“1”。

保护动作时序图如图 3-18 所示。

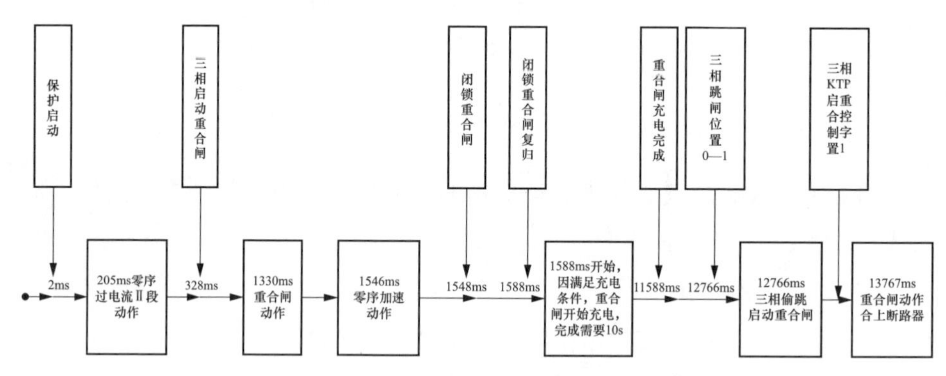

图 3-18　保护动作时序图

重合闸动作后保护过程分析见表 3-1。

表 3-1　　重合闸动作后保护过程分析

1546ms	断路器在合闸后进行储能，在储能过程中断路器合闸回路不通，零序加速段动作跳开三相断路器后，由于接入保护的跳闸位置继电器 KTP 未动作，保护装置收到三相 KTP 为“0”
1548ms	零序加速动作发出闭锁重合闸，命令扩展 40ms
1588ms	重合闸因为满足断路器在合后位（KTPa、KTPb、KTPc 均为“0”），重合闸启动回路不动作，且无任何重合闸闭锁信号，重合闸 TCD 开始充电
11588ms	重合闸经过 10s 充电，充电完成后，保护装置充电灯亮
12766ms	断路器储能完成，合闸回路已接通，三相跳闸位置继电器动作，保护装置收到三相 KTP 均变为“1”，此时保护装置已整组复归，保护判断为三相断路器偷跳，因重合闸方式为三相重合闸，且“三相 KTP 启重合”控制字置“1”，故三相不对应启动重合闸

现有整定规程对 220kV 及以上线路重合闸启动方式要求有保护启动和位置不对应启动两种，对于位置不对应启动在整定规程中只明确了单相重合闸

方式下仅考虑单相断路器偷跳（即采用单相 KTP 启重合），对三相重合闸方式下断路器偷跳情况未予以明确，此处 220kV 线路重合闸在三相重合闸方式时考虑三相断路器偷跳的情况（即采用三相 KTP 启重合）。

断路器弹簧储能时间要求在合闸操作完成以后，对合闸弹簧的重新储能应由电动机在 15～20s 内完成，各厂家、型号的弹簧储能时间均不同，即使是同一断路器，其弹簧储能时间也存在离散性。一些厂家线路保护重合闸充电计数器只要满足充电条件就开始计数，无须等到保护整组复归。同时，考虑恶劣天气等极端情况，为提高线路重合闸的可靠性，线路保护重合闸充电时间已统一由原来的 15s 改为了 10s，相对应的也牺牲了充电时间与断路器弹簧储能时间的配合裕度。三相重合闸方式下保护装置正常运行并充满电时收到三相 KTP 开入，判断为三相断路器偷跳，故三相不对应启动重合闸，线路永久故障时将造成断路器反复不停分合，甚至可能导致断路器爆炸的事故。

为了规避以上风险，220kV 以上电压等级采用弹簧储能的非三相机械联动的断路器，投入三相重合闸（综合重合闸、特殊重合闸）方式的线路保护，原则上只考虑单相断路器偷跳启动重合的功能，退出三相断路器偷跳启动重合。

220kV 以上电压等级为了让“弹簧未储能”适应各种重合方式，新建变电站线路保护要求“弹簧未储能”触点接入操作箱的“压力低闭锁重合闸”开入回路。

110kV 线路保护，“弹簧未储能”触点可不接入操作箱的“压力低闭锁重合闸”开入回路，但应该具备控制回路断线闭锁重合闸功能。

3.16 双重化线路保护重合闸配合应具备重合闸相互闭锁回路

2012 年 8 月 30 日 17 时 11 分 35 秒，220kV MN 线发生 C 相瞬时性接地故障，线路两侧双套主保护动作跳 C 相，M 侧重合闸动作成功，N 侧重合闸未动作。双套重合闸间闭锁回路设计错误，误将 PSL-602GC 的“沟通三跳”触点当作为“永跳”触点开入 RCS-931AMM 闭锁重合闸，导致 N 侧 RCS-931AMM 保护重合闸被闭锁未能出口。

1. 保护配置及重合闸使用介绍

线路配置两套主保护，主Ⅰ保护 RCS-931AMM（南瑞继保）、主Ⅱ保护

PSL-602GC（国电南自），两套主保护均有重合闸。

重合闸使用方式为单相重合闸方式，重合闸时间为1s，为防止两套装置重合闸同时投入出口而出现二次重合问题，故仅投一套重合闸出口（PSL-602GC未投出口，RCS-931AMM投出口）。

2. 保护动作情况

M侧：

主Ⅰ保护（RCS-931AMM）13ms电流差动保护、30ms距离Ⅰ段保护动作，选相C相，故障测距46.4km，1085ms重合成功。

主Ⅱ保护（PSL-602GC）46ms纵联保护、51ms接地距离Ⅰ段保护动作，选相C相，故障测距47.67km，1070ms重合成功。

故障相电流1.94A（一次电流为4850A），断路器约50ms断弧。

N侧：

主Ⅰ保护（RCS-931AMM）12ms电流差动保护动作，选相C相，故障测距72.2km，重合闸未动作。

主Ⅱ保护（PSL-602GC）48ms纵联保护，选相C相，故障测距69.11km，1068ms重合闸动作，断路器未合闸。

故障相电流1.37A（一次电流为2740A），断路器约50ms断弧。

3317ms断路器本体非全相动作，跳开断路器A、B相。

3. 重合闸动作分析

（1）相互闭锁回路设计分析。考虑保护动作跳闸且满足设定的闭锁重合闸条件时，为防止另一套保护重合闸出口，通常两套保护装置重合闸之间均设计了闭锁回路。RCS-900系列保护提供“BCJ”重合闸闭锁继电器触点用于闭锁另一套重合闸。PSL-600系列保护提供“TR（永跳）”重合闸闭锁继电器触点用于闭锁另一套重合闸。

经现场检查，发现MN线路两套重合闸之间互相闭锁回路有接线错误，将PSL-602GC“沟通三跳”触点错误接入RCS-931AMM保护重合闸的“闭锁重合”开入（见图3-19），正确为PSL-602GC“TR（永跳）”触点接入RCS-931AMM保护重合闸的“闭锁重合”开入。

（2）N变电站重合闸动作分析。

1）从重合闸时序图（见图3-20）分析，PSL-602GC该保护跳令收回时间为87ms，RCS-931AMM跳令收回时间为62ms（59ms＋3ms延时），判断无流时间为 70ms，重合闸启动时间为 70ms，重合闸计时 1s，重合闸于 1068ms 动作。

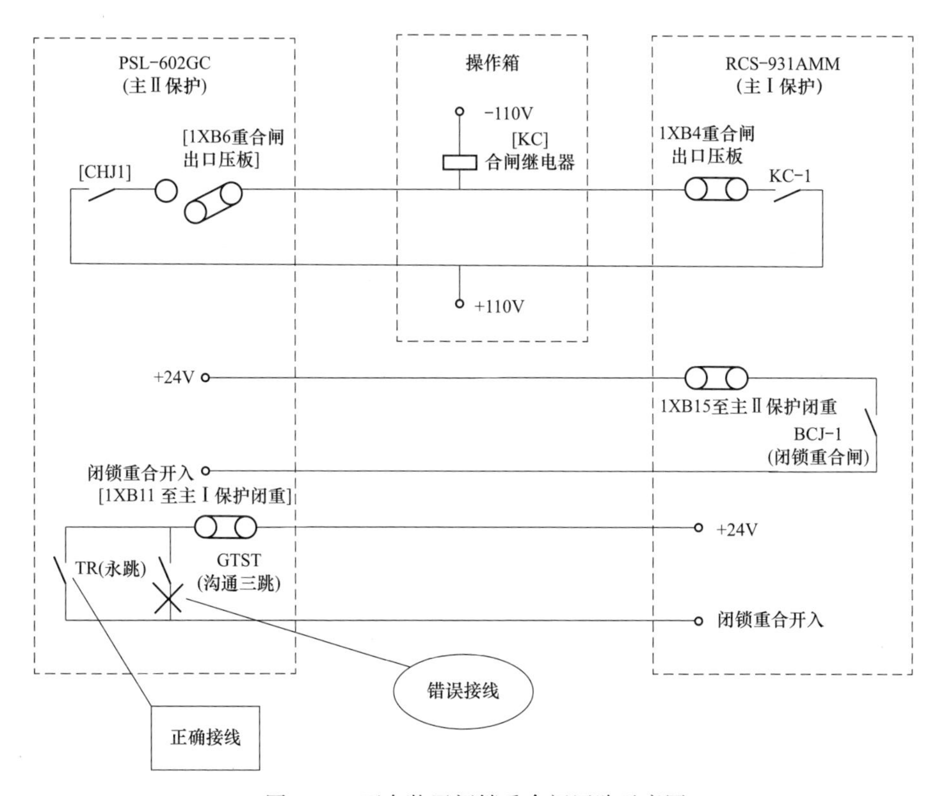

图 3-19　两套装置闭锁重合闸回路示意图

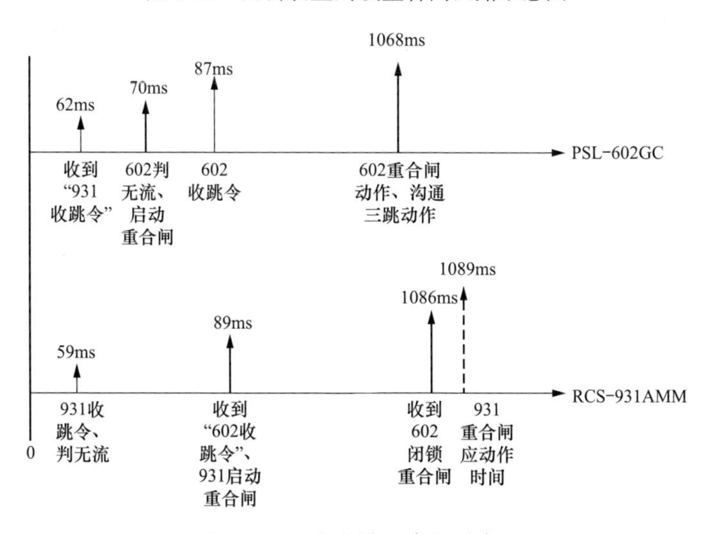

图 3-20　N 变电站重合闸时序图

2）RCS-931AMM 该保护跳令收回时间为 59ms，PSL-602GC 跳令收回时间为 89ms，重合闸启动时间为 89ms，延时 1s，将于 1089ms 动作。

3）PSL-602GC 重合闸先动作，重合闸动作后放电，此时满足“沟通三跳”条件，通过该触点将闭锁重合闸信号发予另一套保护。RCS-931AMM“1086ms”收到 PSL-602GC 闭锁重合闸信号（1068ms+10ms 软件延时+8ms602GC 继电器延时），早于 1089ms 重合闸动作时间，重合闸未动作。

220kV 线路保护双重化配置，应投入两套重合闸功能及出口。两套线路保护重合闸之间不采用相互启动方式，但应具有重合闸直接闭锁回路。该回路采用保护装置闭锁重合闸触点或保护永跳触点接入另一套保护闭锁重合闸开入，不得使用如沟通三跳或重合闸动作等触点。

两套重合闸闭锁方式，即线路主Ⅰ和主Ⅱ保护分别提供闭锁重合闸触点或永跳触点接入另一套保护闭锁重合闸开入的接线方式如图 3-21 所示。

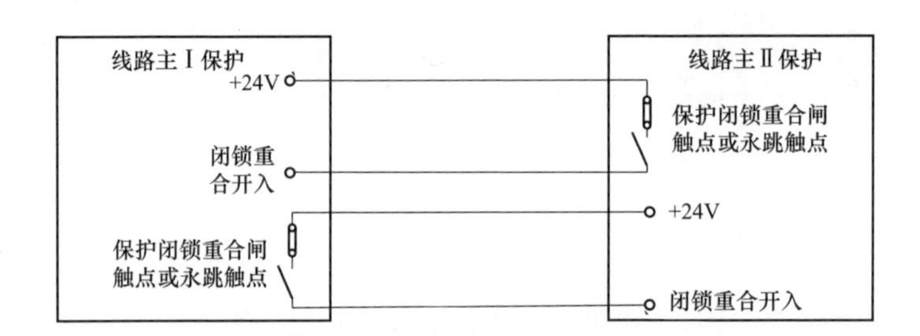

图 3-21　两套重合闸闭锁方式原理图

3.17　拆除二次电缆线芯时，必须两端同时解除

2012 年 6 月 15 日，××变电站 2 号主变压器无故障时，主变压器差动保护动作跳闸。检查发现 B 套保护装置Ⅱ侧Ⅱ支路电流输入回路有异常电流注入。该电流回路接至 220kV 开关场原 220 旁路 270 间隔端子箱，该间隔一次设备于 2010 年 6 月 11 日拆除，一次设备拆除后仅在端子箱侧将二次线悬空并绝缘包扎，未解开保护屏上的电流输入回路，如图 3-22 所示。当该电流二次回路 B 相二次线接触端子箱外壳时，有干扰电流流入 2 号主变压器 B 套保护装置Ⅱ侧Ⅱ支路 B 相，如图 3-23 所示。

图 3-22　现场端子箱图

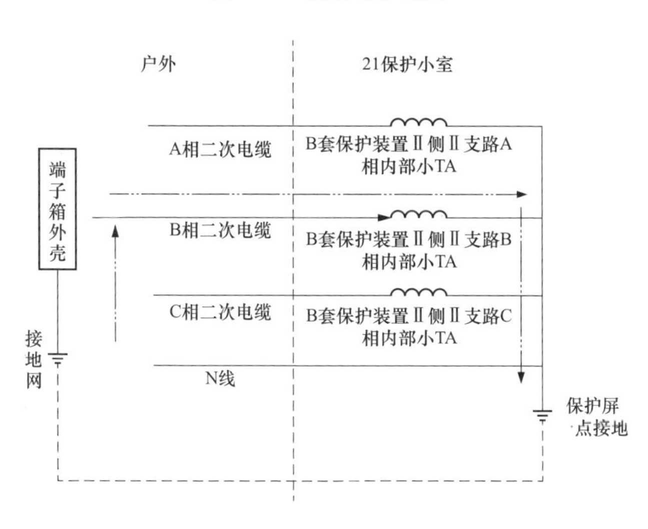

图 3-23　电流走向图

对扩建及改造工程保护屏的二次线进行拆除，拆线前施工单位须提供与现场实际相符正确的安全技术措施单，继电保护人员根据该安全技术措施单做好监护工作。拆线地点要有明显的标识，将拆线地点的前后运行端子用绝缘胶布封好，只空出拆线地点给施工人员拆线，接入的二次线都要求施工人员用绝缘胶布封好，防止以上二次线误碰运行设备，造成误跳断路器或直流接地情况。

拆线原则为必须摸清每根电缆的编号和用途，使用绝缘工具先拆接点端，后拆电源端；每拆一处，用万用表测量拆除点电位差来验证拆线结果的正确性；每个回路拆除完毕后，再通过导通法核对线芯。用绝缘胶布包扎好裸露的线芯，并对线芯做好拆除记录。如是永久性拆除，要做好绝缘和固定处理，并按流程修改二次回路图纸。同时二次回路接线进行改动必须履行如下程序：

1）继电保护人员在修改二次回路接线时，事先必须经过本单位继电保护主管部门审核。

2）按图施工，不允许凭记忆工作；拆动二次回路时先与原图核对，逐一做好记录，接线修改后要与新图严格核对。

3）改完后，做相应的回路整组试验，确认回路、极性及整定值等完全正确，然后再申请投入运行。

4）工作负责人应在现场修改图上签字，没有修改的原图应标志作废。

5）及时修改底图，修改运行人员及有关各级继电保护人员用的图纸。与定值整定相关的回路变更，需将修改后的图纸及时上报继电保护主管部门，并按照图档管理流程进行归档。

退运二次电缆原则上要求撤除。确有撤除困难时，退运芯缆应两端解开，剪掉裸露部分，用绝缘胶帽套好，并用扎带固定至保护屏两侧。

对扩建及改造工程保护屏的二次线的接入运行设备，接线前施工单位须提供与现场实际相符正确的安全技术措施单，继电保护人员根据该安全技术措施单做好监护工作。接线地点要有明显的标识，将接线地点的前后运行端子用绝缘胶布封好，只空出接线地点给施工人员接线，接入的二次线都要求施工人员用绝缘胶布封好，防止以上二次线误碰运行设备，造成误跳断路器或直流接地情况。

接线原则为先接电源端，后接接点端；接线前先用导通法验证线芯两端同属一根线芯；每接一处，用万用表测量接入点电位差来验证接线结果的正确性。接入设备时，需采取有效措施，确保其他运行设备电源正常。

4 线路保护隐患分析及防范

4.1 线路保护定检时，须解除保护通道光纤尾纤

2013 年 9 月 26 日 11 时，某局继电保护人员按要求办理了工作票，在确认线路处于检修状态后按计划采用原理和试验方法较简单的电流差动保护进行 500kV ××乙线保护传动试验。在发现未携带自环尾纤后，现场继电保护人员认为线路处于检修状态，可以利用保护通道开展试验。因此，在未严格执行作业表单关于断开保护及接口装置收发信尾纤的控制措施下，采用差动保护进行传动试验，导致 500kV ××乙线对侧某电厂主Ⅱ差动保护动作，跳开运行中的 5011 和 5012 断路器，1 号机组与系统解列，机组甩负荷 400MW。

在系统中多次发生由于保护作业过程中没有解除线路保护的光纤尾纤导致对侧保护跳闸的人为事故。作业人员系统概念不强，对现场工作风险辨识不足，错误地认为线路处于检修状态下对侧断路器已断开；或是对电流差动保护原理不够理解，错误地认为不采用通道自环的形式进行电流差动保护传动试验也不会造成不良后果。

如图 4-1 所示，甲站断路器及线路虽然在检修状态，但乙站断路器在运行，如果在甲站线路保护上施加故障量，则可能导致乙站保护动作跳开运行的断路器。特别是保护配置为纵联光纤差动保护，为解决长线路出口发生高阻接地时，远故障侧由于故障量不明显而不能启动导致差动保护无法动作的问题，差动保护普遍考虑了辅助启动判据，应注意保护装置隐藏的逻辑（以

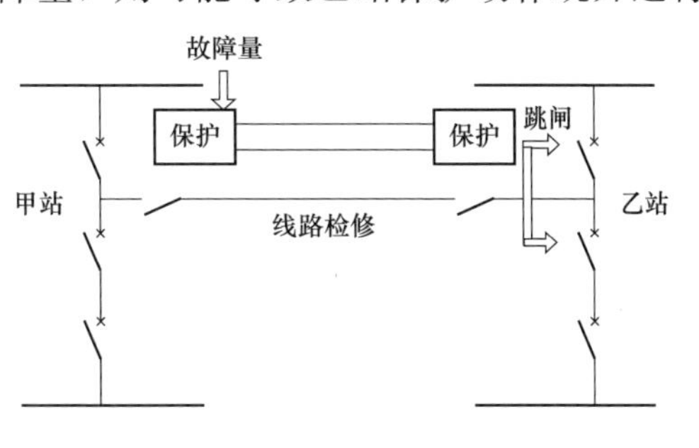

图 4-1 跳闸示意图

RCS931、RCS943 系列为例）：

（1）断路器运行侧电压正常（无 TV 断线）：保护设有差动联跳继电器，本侧后备保护（如距离保护、零序保护等）元件动作后立即发对应相联跳信号给对侧，对侧收到联跳信号后，启动保护装置，并结合差动电流联跳对应相。

（2）断路器运行侧发生 TV 断线：本侧保护没有启动而且差动元件动作，对侧电流大于 4 倍的本侧电流，在收到对侧允许信号时，本侧保护差流对应相跳闸出口并发允许信号给对侧。

4.2　220kV 线路保护应配置两套双通道的光纤电流差动保护

2012 年 4 月 27 日 14 时 01 分 01 秒，220kV 增荔乙线发生 C 相瞬时故障，增城侧故障电流为 38.8kA，荔城侧故障电流为 1.44kA，220kV 增荔乙线两侧主Ⅰ、主Ⅱ保护正确动作，220kV 增荔乙线两侧断路器 C 相跳闸，重合成功。与此同时，220kV 增荔甲线两侧主Ⅱ保护动作，220kV 增荔甲线断路器 C 相跳闸，重合成功。220kV 增荔甲线增城侧主Ⅱ保护 RCS-902CB 48ms 纵联距离保护动作，重合成功；荔城侧主Ⅱ保护 RCS-902CB 170ms 纵联零序方向保护动作，重合成功。故障时主接线如图 4-2 所示。

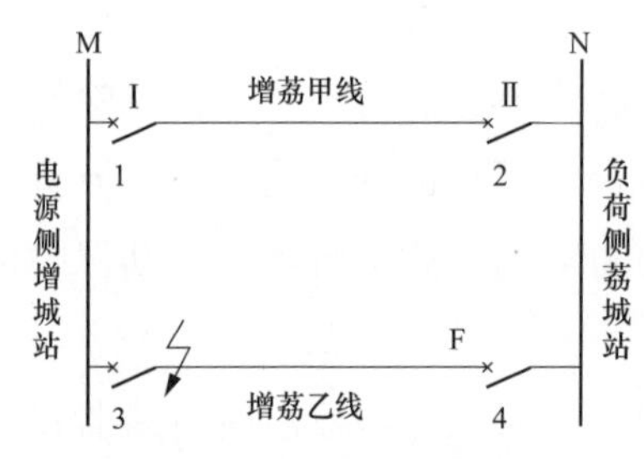

图 4-2　故障时主接线图

220kV 增荔甲、乙线两侧保护配置为：主Ⅰ保护 RCS-931BM，主Ⅱ保护 RCS-902CB。经检查发现：在 220kV 增荔乙线发生故障时，故障点在增城侧出口，220kV 增荔甲线荔城侧 RCS-902CB 判断为正方向故障，启动发信，在故障发生 40ms 时，增荔乙线增城侧断路器跳开，增荔甲线发生功率倒向，增荔甲线增城侧 RCS-902CB 在增荔乙线增城侧断路器跳开后判断为正方向故障，保护装置没有进入功率倒向逻辑，同时收到对侧的发信信号，经过 5ms 确认延时后跳闸。

这是一起由于功率倒向导致的纵联距离保护、纵联零序保护误动的事故。纵联光纤电流差动保护在实际运行中与纵联距离保护、纵联零序保护相比有不可比拟的优点：

（1）出现高阻接地故障时，纵联光纤电流差动保护动作速度较快，纵联距离保护动作速度较慢，配置差动保护有利于快速切除故障；

（2）同塔多回线路同时故障时涉及至少两回输电线路，如果多回线路同时切除，将严重影响系统的稳定运行和供电的可靠性，纵联光纤电流差动保护具有天生的准确选相跳闸原理，相比其他选相原理的保护，准确率更高；

（3）母线和线路同时故障时有很好的选择性；

（4）没有功率倒向问题；

（5）能够适应复杂的互感情况；

（6）有串联补偿设备并网时，除纵联光纤电流差动保护外，其余原理都有缺陷，需要优化保护逻辑；

（7）220kV线路一般不配置独立的线路TV，通常采用母线TV，当TV故障或电压回路故障时，纵联距离保护、纵联零序保护将短时间退出，保护将会失配，而纵联光纤电流差动保护不受影响。

因此220kV及以上新建、技改的线路保护应配置两套光纤电流差动保护。配置单通道时，若通道中断，将影响主保护的正确动作，严重影响电网的安全稳定运行，因此220kV及以上新建、技改的线路保护，应配置两套双通道的光纤电流差动保护。

4.3 双重化配置的光纤保护站内光缆、通信接口装置电源应满足 *N*-1 功能

在一次隐患排查中发现多个保护光纤通道共用一根光缆和一个光缆终端盒。如图4-3所示，在500kV线路保护屏内，光纤保护和远跳辅助保护共用一根光缆和一个光缆终端盒，当光缆或终端盒出现故障时，将影响多套保护装置，严重影响电网的安全稳定运行。

图4-3 光缆接线图

双重化配置的光纤保护从保护室到通信机房的光缆应满足*N*-1的要求，同一套保护的通道1和通道2应分别用不同的光缆，

不同的保护分别用不同的光缆，如图 4-4 所示，严禁共用一根光缆。

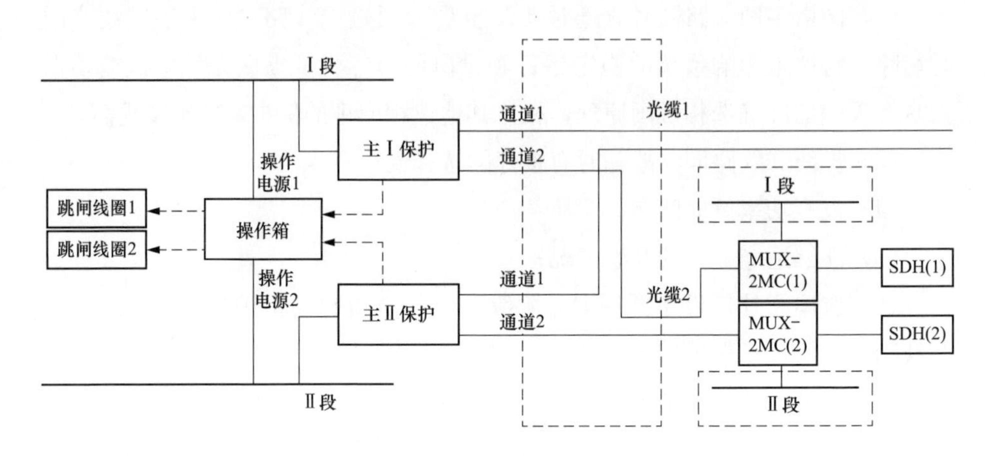

图 4-4　光缆通道配置图

双重化配置的光纤保护在通信室内的光纤接口装置电源应满足以下要求：

（1）如双重化保护中的一套保护两个通道都有接口装置，则两个接口装置电源应分别接入通信电源的不同母线段；

（2）如双重化保护中的每一套保护都只有一个通道接口装置，则两个接口装置电源应分别接入通信电源的不同母线段。

4.4　500kV 和电流接线方式中，电流回路作业应注意断开和短接的先后顺序

2016 年 1 月 7 日，某电厂维护人员开展 5722 断路器 TA 特性试验。执行安全措施时，在 5722 汇控柜处将 5722 断路器 TA 短路，大大降低了该回路阻抗，大幅分流了 5721 断路器 TA 的负荷电流，导致流入 2 号主变压器差动保护 A 柜的电流减少，形成差流，导致差动保护误动作，如图 4-5 所示。

在 500kV 线路保护中，经常使用两个断路器的和电流作为线路保护的电流，当其中一个断路器检修而另一个断路器运行时，在检修的断路器对应的电流回路上工作，断开电流连接片和短接电流的先后顺序不对可能引起保护的不正确动作，如图 4-6 所示。

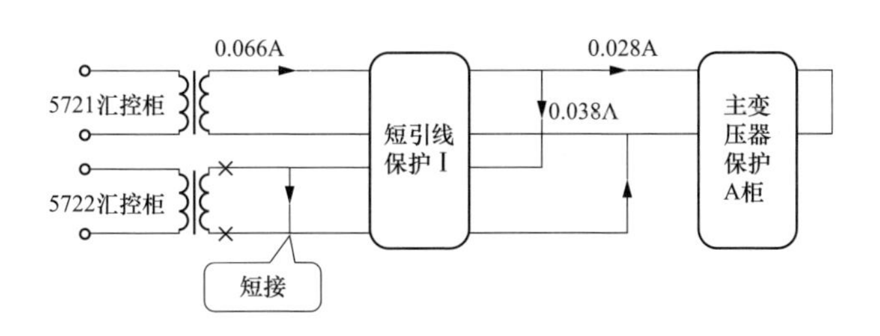

图 4-5 电流走向示意图一

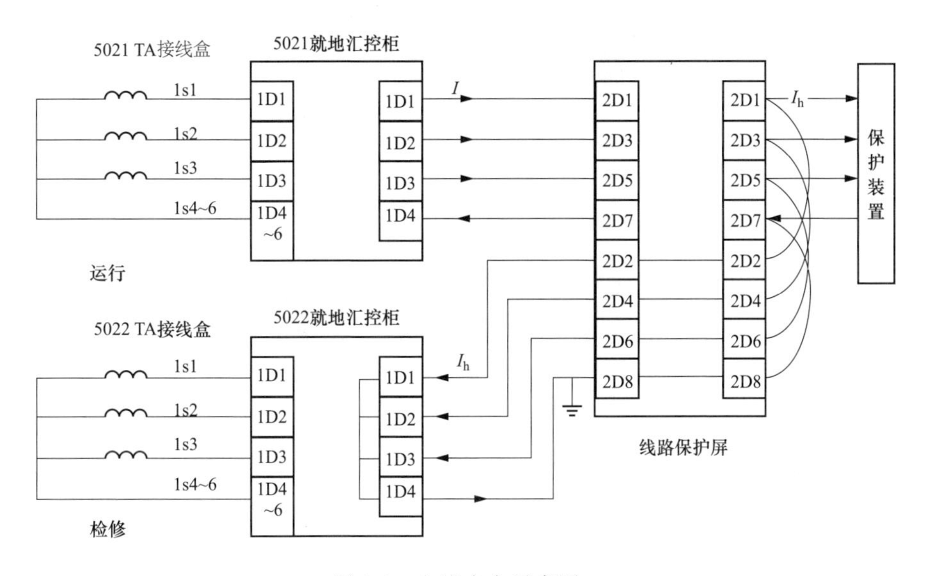

图 4-6 电流走向示意图二

在操作 5022 断路器电流回路时，若先短接电流回路，则会分流 5021 断路器电流，造成保护出现差流。因此在 500kV 线路保护中采用和电流接线方式，现场的操作顺序正确的是：先用钳形电流表确认该电流互感器没有电流，再断开电流回路之间 A、B、C、N 相所有连接片，最后用专用电流回路短接线短接靠电流互感器本体侧（非保护侧）端子，保护侧电流回路禁止短接。如果先短接再断开，则短接的是保护侧端子，没有断开的 A、B、C、N 相所有连接片都会造成线路保护出现差流。

4.5 线路保护通信接口设备接地要求

220kV 某变电站 220kV 某线路配置专用和复用双通道光纤差动保护，在专业巡视中发现，复用通道的误码率每次都比上一次巡视时有所增加。检查保护装置的通道告警信息，保护装置和综合自动化后台都没有发现任何的通道异常告警信息。经检查，发现通信机房内 MUX-2M 装置的外壳没有接地，如图 4-7 中的圆圈部分。用 4mm^2 的多股软铜线连接到屏柜下部的接地铜排上后，在以后的巡视中再也没有发现误码率增加的情况。

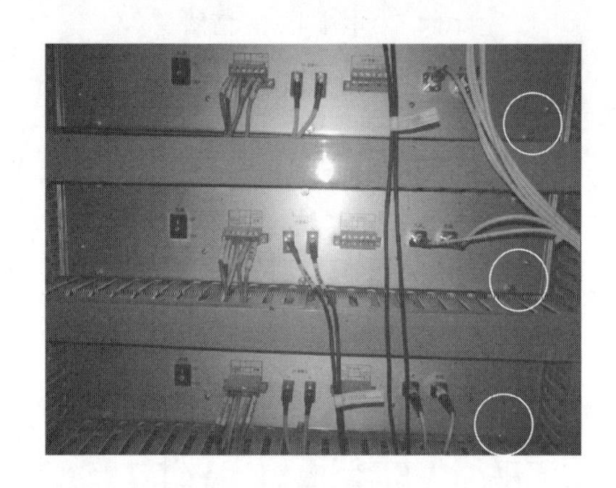

图 4-7　通信机房接口装置未接地图

线路保护通信接口设备一般属于通信专业和保护专业管理的盲区，容易造成线路保护通信接口设备接地不良，导致通信异常。如图 4-8 所示，MUX-2M 装置接地不良，当系统发生故障导致接地网地电位突变时，由于同轴电缆屏蔽层两端存在一定的阻抗，接地不良侧的屏蔽层电位无法跟上接地网地电位的变化，导致屏蔽层两端的电位不相等，通信信号经过该同轴电缆传输后发生了变化，从而导致通信异常。严重时可能造成光纤通道误码率增加，保护通道自动退出，主保护误动。

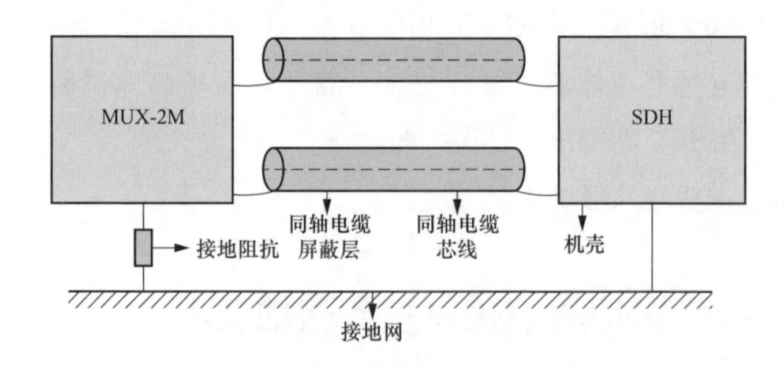

图 4-8　接口装置未接地造成通信异常原理图

4.6 500kV 线路 T 区保护线路隔离开关辅助触点开入应与线路隔离开关位置对应

2012 年 3 月 28 日 500kV 某变电站 500kV 某线检修，5012、5011 断路器合环运行，如图 4-9 所示。调度下令将 500kV 某变电站 500kV 某线由检修转为运行。操作人员将 5011、5012 断路器由运行转为冷备用，合上 50116 隔离开关，退出 T 区 RCS-924 保护屏上的 1XB-12 线路退出运行压板，准备合上 5011、5012 断路器恢复线路运行，在合上 5011 断路器时，T 区差动保护和过电流保护动作，跳开 5011 断路器及对侧断路器。经检查，发现在合上 50116 隔离开关时，50116 隔离开关辅助触点没有变位，导致 T 区保护线路退出运行开入没有由“1”变为“0”。根据保护逻辑，T 区保护线路退出运行开入为“1”时，保护由两个断路器电流构成的差动保护和线路电流构成的过电流保护组成，因此 T 区差动保护和过电流保护动作。

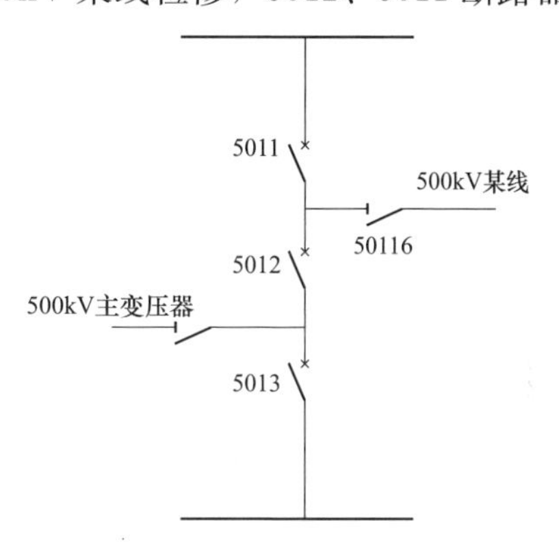

图 4-9 500kV 主接线图

500kV 线路在线路隔离开关处于合位时，T 区保护是由三个电流构成的差动保护；在线路隔离开关处于分位时，T 区保护是由串上两个断路器电流构成的差动保护和由线路电流构成的过电流保护，此时差动保护动作只跳本侧两个断路器，过电流保护动作只远跳对侧断路器，如图 4-10 所示。一般为

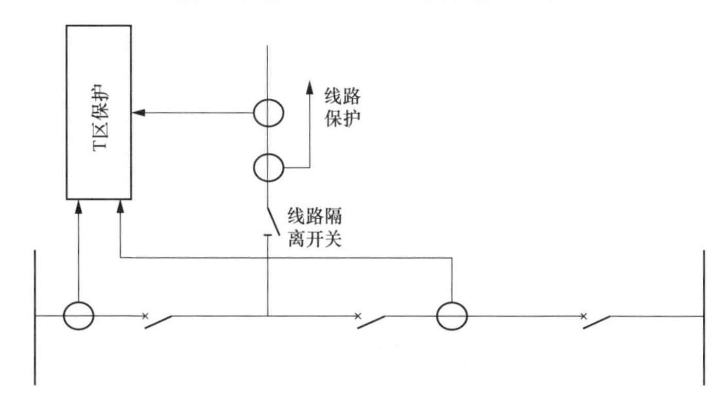

图 4-10 T 区保护电流互感器配置图

了增加线路隔离开关辅助触点的可靠性，在二次回路中增加一个压板和隔离开关动断辅助触点并联，作为保护的开入量，切换保护功能，如图 4-11 所示。

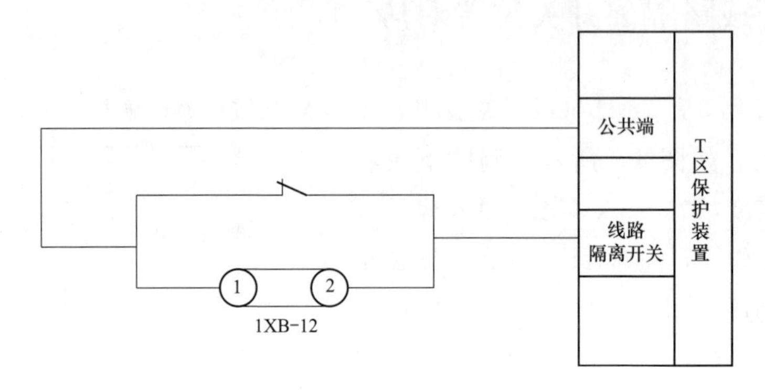

图 4-11　T 区保护隔离开关位置开入原理图

在线路隔离开关由分位转为合位的操作过程中，需要断开 1XB-12 压板，线路隔离开关动断辅助触点应从闭合状态转为断开状态，保护从由两个断路器电流构成的差动保护和由线路电流构成的过电流保护自动切换为由三个电流构成的电流差动保护。若此时的线路隔离开关动断辅助触点发生故障，没有从闭合状态转为断开状态，保护功能就没有切换到由三个电流构成的差动保护，线路带上负荷电流后，就可能造成差动保护和过电流保护动作，同时切除本侧和对侧的断路器。因此在配有 T 区保护的线路上操作线路隔离开关，应检查 T 区保护线路隔离开关开入的状态与实际隔离开关位置对应。

4.7　220kV 及以上三相不一致和非电量保护跳闸不应启动失灵

2012 年某地发电一厂 3 号主变压器绕组严重匝间故障，故障 22ms 后，一厂 3 号主变压器重瓦斯保护和差动保护动作跳主变压器三侧断路器，故障 0.45s 后，220kV 侧失灵保护动作，跳开 220kV 2203 断路器所在母线上的所有开关。一厂 3 号主变压器保护动作，高压侧 2203 断路器跳闸，如图 4-12 所示。

经检查，发现重瓦斯跳闸接到了操作箱 TJR（启动失灵不启动重合）继电器，在保护动作时，由于高压侧电流互感器严重饱和，出现 TA 拖尾现象，满足失灵保护动作条件，导致失灵保护动作。

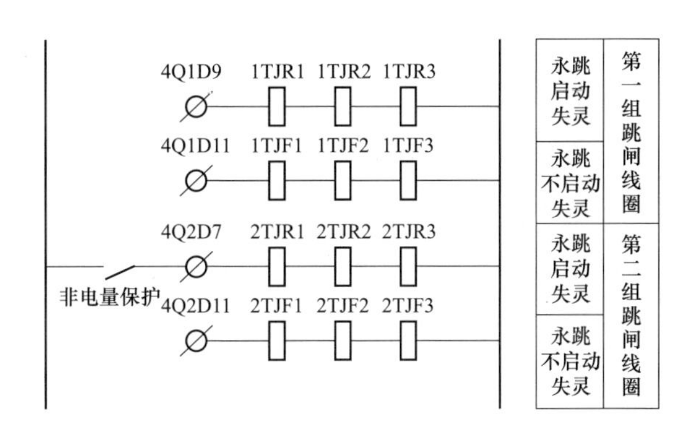

图 4-12 操作箱跳闸原理图

由于变压器非电量保护动作时的延时返回或不能返回，会造成非电量保护动作后误启动失灵保护，因此要求电气量的保护出口和非电量的保护出口继电器分开设置，并且防止非电量保护误启动失灵，非电量保护动作应接入操作箱 TJF（不启动失灵不启动重合）继电器。

当线路断路器三相不一致运行时，虽然会出现零序电流，但是健全相仍然可以输送功率，线路功率下降并不多，对系统的稳定性影响不大，允许短时间出现。线路断路器三相不一致运行的主要危害在于可能引起相邻线路的零序保护误动，但与失灵保护动作切除整条母线相比，这一危害要轻得多，因此，220kV 及以上线路保护三相不一致保护也应接入操作箱 TJF 继电器，不应接入操作箱 TJR 继电器启动失灵保护。

4.8 加强对线路同期电压的监视

220kV 某变电站一条 220kV 线路发生单相瞬时接地故障，保护动作跳开三相断路器后没有重合。保护配置为双重化 RCS-931 保护，重合闸整定方式为三相重合闸检同期方式。后经检查，故障原因为线路 TYD 端子箱内 TYD 二次电压熔断器烧毁。由于使用的是 TYD 二次 100V 的绕组，正常运行时，TYD 二次熔断器虽然烧毁，但在二次侧产生 30～40V 的杂散感应电压，不满足保护装置告警条件。发生故障时，在重合闸检同期方式下不能正确检测线路电压大小及相位，导致重合闸检同期失败。

部分厂家的线路保护逻辑为：当重合闸投入且处于三相重合闸方式时，如果装置整定为重合闸检同期或检无压，则断路器在合闸位置时检查输入的线路电压小于 30V 经 10s 延时报同期 TV 断线。如重合闸不投、不检定同期或无压时，装置不进行同期电压断线判别。当装置判定同期电压断线后，重合闸逻辑中不进行检同期和检无压的逻辑判别，不满足同期和无压条件。

可见只有在线路重合闸处于三相重合闸方式且整定为重合闸检同期或检无压的情况下线路保护装置才会在同期电压低于 30V 时发出告警。然而很多变电站同期电压回路串接的是熔断器，并且使用的是同期电压 100V 的绕组，在熔断器熔断的情况下，有时保护装置测量到的同期电压大于 30V，保护装置并不能及时发出告警信号。因此在故障时线路保护重合闸可能因为不满足同期条件不能重合；线路抽取电压 U_x 断线时，线路保护重合闸存在以下风险：检同期方式下，将会导致线路单相瞬时故障时重合闸失败；检无压方式下，存在线路非同期合闸的风险。

若此线路电压不正常，且在备自投装置的运行方式中此线路作为备供电源，则在母线失压要投入备供电源时，导致备自投装置检测备供电源线路电压不正常而不能不正确动作。

根据以上情况建议：

（1）同期电压回路应装设空气开关而不能装设熔断器，并且空气开关的辅助触点应接入告警信号到监控后台；

（2）同期电压互感器如果有多个绕组，建议接入 57.7V 的绕组；

（3）监控后台应能监视同期电压的大小，并设置自动判别的低电压告警值；

（4）巡视时应关注同期电压采样的大小及相位。

4.9 线路保护三相重合闸方式下应注意多次重合的风险

2016 年 3 月 28 日，某供电局对 220kV 某变电站 220kV 某线 2054 断路器定检时发现：线路主Ⅰ保护 CSC-103BDN 装置试验永久故障，加速动作后三相偷跳启动断路器重合闸，经多次现场反复试验验证，是由于北京四方 CSC-103BDN 保护装置重合闸充电逻辑与断路器弹簧储能时间失配造成的。220kV 某线 2054 断路器储能时间在 11s 左右，对于重合闸时间为 1s 的线路保护，PCS-931N2Q 重合闸充电时间在 18s 左右，CSC-103BDN 重合闸充电时间在 11s 左右，重合闸充电时间有可能与断路器弹簧储能时间失配，三相重合闸方式下保护装置正常运行并充满电时收到三相 KTP 开入，判断为三相断路器偷跳，故三相不对应启动重合闸动作，线路永久故障时将造成断路器反复不停分合，甚至可能导致断路器爆炸的事故。

北京四方线路保护重合闸充电计数器只要满足充电条件就开始计数，无须等到保护整组复归（南自、深瑞也相同），而南瑞继保的线路保护重合闸充电必须要等到整组复归，即在正常运行时计数器才开始计数。由于不同厂家的保护装置重合闸充电时间计算方式不一致及断路器弹簧储能的时间也不一致，可能导致重合闸充电时间与断路器弹簧储能时间失配，重合闸充电时间比断路器弹簧储能时间短，三相重合闸方式下保护装置正常运行并充满电时收到三相 KTP 开入，判断为三相断路器偷跳，故三相不对应启动重合闸。线路永久故障时断路器完成一次分——合——分操作后，断路器弹簧储能需要储能，同时断开控制回路，保护装置收不到三相 KTP 开入，满足保护充电条件，如果重合闸充电时间比断路器弹簧储能时间短，则保护充好电之后收到断路器的三相 KTP 开入，三相不对应启动重合闸动作，将造成断路器反复不停分合，甚至可能导致断路器爆炸的事故。

同时投三相重合闸方式的线路在送电操作时，应注意操作过程中重合闸误动的风险。一般线路送电，操作人员在就地操作隔离开关时，需要把断路器及隔离开关的控制方式把手置于“就地位置”，此时如果断路器的控制回路监视到了“远方、就地”把手，保护装置将收不到三相 KTP 开入，保护满足充电条件。隔离开关操作完成后，切换断路器及隔离开关的控制方式把手置于“远方位置”，保护收到三相 KTP 开入，三相不对应启动重合闸动作，造成重合闸误动的风险。

因此建议：

（1）110kV 线路保护应具备并投入控制回路断线闭锁重合闸的功能；

（2）220kV 及以上线路只考虑单相偷跳启动重合闸功能，应退出线路保护“三相跳位启动重合闸”功能；

（3）将弹簧未储能触点接入保护装置的“压力低闭锁重合闸”开入回路；

（4）线路保护由单相重合闸方式改为三相重合闸（或综合重合闸、特殊重合闸）方式前，应停电全面检查回路，完成永久性故障传动试验，确保不会多次重合，方可变更重合闸运行方式；

（5）220kV 及以上线路投三相重合闸线路，在送电操作时，建议投入闭锁重合闸压板，待线路“远方、就地”控制方式把手切换到“远方”位置之后，退出闭锁重合闸功能。

4.10 防止使用线路出线侧电流互感器的500kV线路检修状态下感应电流开路

某供电局继电保护班组在进行500kV线路保护定检时，运行人员按照工作票的要求将线路及断路器转为检修方式。继电保护作业人员按照二次措施单的要求在线路保护屏处断开线路保护电流二次回路连接片时，发现电流二次回路连接片有放电现象，同时电流互感器本体有很明显的异常响声。后经检查，发现是线路两侧接地开关接地后，在线路上产生了一个较大的感应环流，断开电流二次回路连接片后，造成电流二次回路开路。

部分500kV线路保护使用的是线路出线侧电流互感器，在线路检修、两侧线路接地开关接地的情况下，由于输电走廊其他运行线路的互感影响，将在检修线路上感应出较大的感应环流，如图4-13所示。此感应环流有时可以达到一百多安培，在电流互感器的二次侧可以感应出较大的电流。如果现场工作人员认为线路已经检修，在没有短接电流二次回路的情况下就断开电流互感器二次侧电流回路连接片，将造成感应电流开路，轻则导致电流互感器异响，重则烧坏设备。

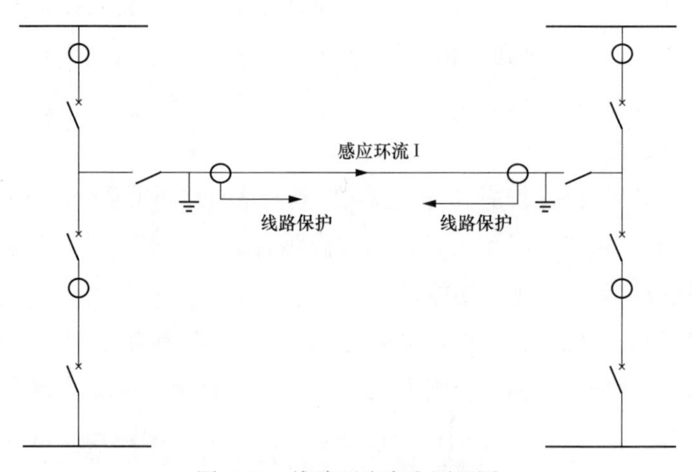

图4-13　线路环流产生原理图

因此应防止使用线路出线侧电流互感器的500kV线路检修状态下感应电流的开路导致的设备事故。

4.11 500kV 线路 T 区保护过电流保护的整定

2018 年 9 月 12 日 14 时 30 分 31 秒，某变电站 500kV 某线路空充运行，线路末端发生单相永久性故障，如图 4-14 所示。由于线路配置的 T 区保护过电流保护控制字整定为“0”，导致多条线路保护后备保护跳闸，进一步扩大了事故范围。

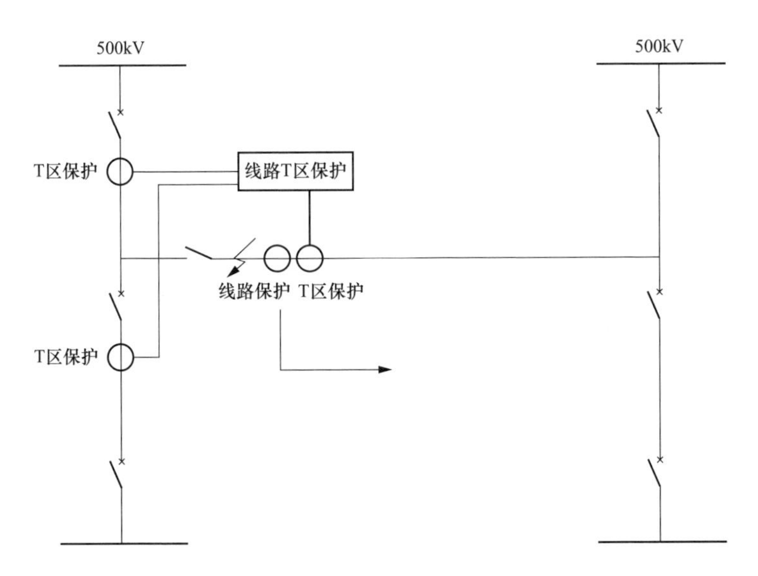

图 4-14 T 区保护跳闸示意图

配置了 T 区保护的 500kV 线路，当线路隔离开关拉开，线路空充运行时，如果线路保护 TA 绕组至线路隔离开关之间发生故障，只能依靠 T 区保护过电流保护动作，发远跳令给对侧，跳开对侧断路器。若过电流保护整定不当，可能会导致故障无法快速切除，造成死区。

同时为了增加线路保护 TA 绕组至线路隔离开关之间发生故障时保护动作的可靠性，建议将对侧线路保护接地和相间距离Ⅱ段时间定值改小，以距离Ⅱ段保护来保护该处故障。

5 变压器保护隐患分析及防范

5.1 有旁路的变电站变压器间隔不宜采取旁路代路的方式运行

2005年3月20日9时30分，500kV某变电站500kV主变压器中压侧断路器在进行旁路代路操作时，由于没有退出差动功能压板，在切换电流连接片时，造成差动保护误动作的事故。

该变电站2030旁路开关代主变压器中压侧断路器运行操作，关键步骤如下：用2030旁路开关空充旁路母线确认旁路母线正常，退出主变压器的两套纵联差动保护、两套零序差动保护、两套变压器中压侧后备保护，在母联保护屏处对旁路开关TA回路进行导通操作，详细操作步骤如图5-1所示。合2030旁路开关，断开主变压器中压侧断路器，确定主变压器保护的采样及差流正常，投入纵联差动、零序差动及变压器中压侧后备保护。

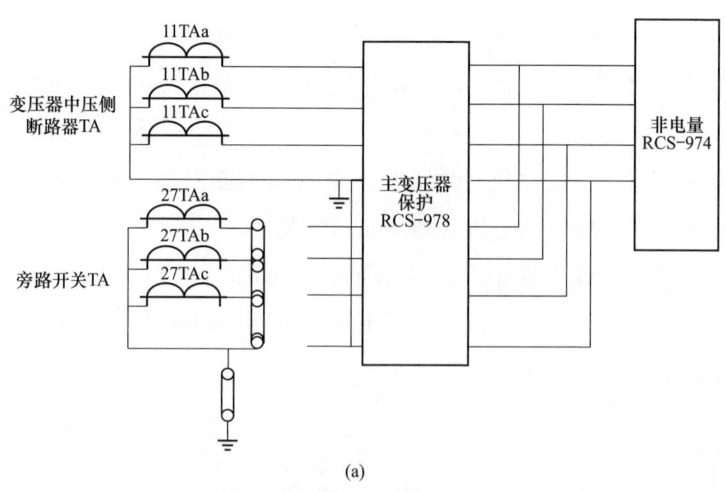

图5-1　主变压器代路电流回路原理图（一）

（a）非代路状态

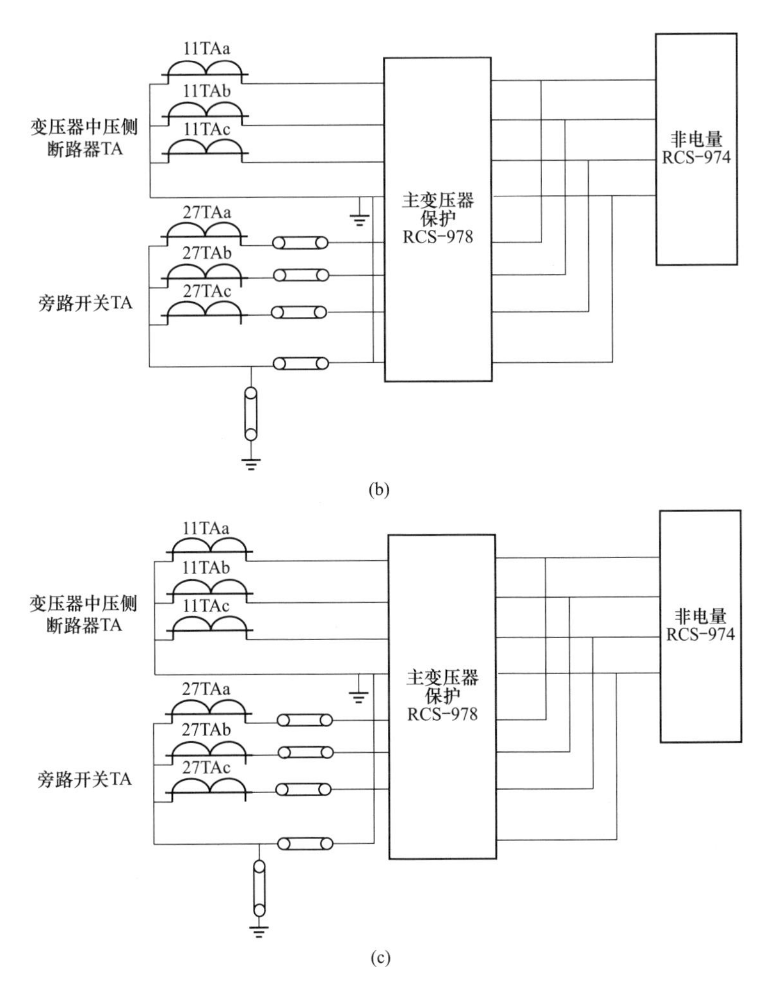

图 5-1　主变压器代路电流回路原理图（二）

（b）代路过程中，差动退出状态；（c）状态运行方式

代路操作过程风险如下：按照操作票操作，主变压器的两套纵联差动保护和两套零序差动保护从退出到投入，运行人员需要进行 25 项操作，保护退出时间约 30min，在此期间，如在非瓦斯保护范围内发生故障，无快速保护隔离故障，需依靠主变压器高压侧后备保护动作切除故障，切除时间分别为 0.5s（如高压侧引线故障）、1.7s（如中压侧引线故障）。

经分析计算，该站 500kV 侧故障，临界切除时间在 0.4～0.6s，可能会导致主网五回直流同时换相失败；该站 220kV 侧三相故障可能造成四回直流换相失败。因此依靠主变压器高压侧后备保护动作切除故障，可能会引发严重的系统稳定问题。

该站主变压器正常运行时，2030旁路开关TA接入主变压器保护的二次绕组在母联保护屏处短接。若为避免在代路操作期间主变压器无差动保护运行，不退出主变压器差动保护，先将旁路开关TA二次绕组引入主变压器保护，然后进行代路操作，需要提供保护原理、TA变比及二次回路等必要的支持：

（1）变压器中压侧断路器TA和旁路开关TA变比一致；

（2）保护同时采样变压器中压侧断路器TA和旁路开关TA两路模拟量，并同时计算；

（3）接入主变压器保护的旁路开关TA回路应正确、完整，无开路、多点接地等。

经过现场检查，前两个条件均满足。

正常运行时，接入主变压器保护的旁路开关TA回路在母联保护屏处短接，代路前无法验证该回路的正确性和完整性，因此，代路操作期间不退差动保护存在一定的风险。另外，旁路开关TA二次回路的短接和导通工作是由运行人员在母联保护屏处通过操作压板完成的，在主变压器差动保护不退出的情况下，人员误操作或操作不当，均将直接导致主变压器差动保护动作跳闸，风险极大。

2030旁路开关代主变压器中压侧断路器运行期间，若2030旁路开关所挂母线发生母线故障且2030旁路开关失灵，则旁路代路主变压器间隔，失灵启动回路及失灵联跳三侧回路复杂，增加了人员日常维护的风险和代路操作时的风险。如不增加此回路，则需要依靠后备保护动作切除其他侧断路器，时间为1.5s，可能会引发严重的系统稳定问题。

据统计，该地区共有20台变压器中压侧可旁路代路的500kV主变压器，只有两台主变压器采取不退差动保护进行代路操作，其余18台主变压器都采取代路前先退出差动等相关保护。另外，其他地区考虑到代路操作的复杂和风险，均不采用旁路开关代主变压器中压侧断路器运行。

500kV主变压器中压侧代路操作及运行的风险：

（1）代路操作期间约30min，主变压器无纵联差动保护、零序差动保护、变压器中压侧后备保护运行；

（2）代路运行期间，无法实现旁路开关失灵联跳主变压器三侧断路器功能。

以上后果都会造成切除故障时间太长，超过“故障临界切除时间0.4～0.6s”，系统风险极大。

有旁路的变电站变压器如果要采用旁路代路的方式运行，则需要切换差动保护电流，由主变压器断路器侧电流互感器电流切换到旁路间隔电流互感器电流或切换到主变压器套管电流互感器电流，切换过程复杂，容易造成电流回路的开路或多点接地，造成主变压器电流差动保护的误动。

系统内已经出现多起由于旁路代路主变压器间隔的问题引起的保护误动事件，因此在有旁路的变电站变压器间隔建议不要采取代路的方式运行。

5.2 主变压器气体继电器应加装防雨罩

2003年10月5日3时43分，220kV某变电站3号主变压器三侧断路器跳闸。非电量保护“本体重瓦斯”灯亮，控制屏“本体重瓦斯”光字牌亮。操作箱信号：变压器高压侧TA、TB、TC灯亮；变压器中压侧跳闸灯亮；变压器低压侧跳闸灯亮。故障录波器正确启动录波，录波无短路电流，220kV、110kV母线电压无变化。

解开3号主变压器本体重瓦斯继电器二次线，用1000V绝缘电阻表测得重瓦斯继电器触点之间的绝缘电阻为0MΩ。将本体重瓦斯继电器接线盒打开发现，接线盒内进水，如图5-2所示。

图5-2　气体继电器进水图

变压器本体非电量保护运行在户外，条件恶劣，应注意消除因触点短接、直流接地等原因造成的保护误动，因此应改进和完善变压器本体非电量保护的防水、防油渗漏、密封性工作；对于用于跳闸的气体继电器，应加装防雨罩。

5.3 防止强油循环变压器油泵同时启动导致的瓦斯保护误动

2006年1月16日18时32分50秒，220kV某变电站4号主变压器三侧2204断路器、1104断路器、504断路器同时跳闸，18时32分59秒，1号主变压器三侧2201断路器、1101断路器、501断路器同时调整，值班员检查1、4号主变压器均为重瓦斯保护动作。继电保护人员到站检查1、4号主变压器重瓦斯保护正常动作；检查1、4号主变压器保护风冷启动定值正确、动作正确，检查1、4号主变压器线温启动风冷回路正确，进一步模拟检查发现，当1、4号主变压器冷却装置两台潜油泵同时启动时，主变压器重瓦斯保护动作。经检查，发现该站主变压器冷却器采用同一控制原理的电路，两组潜油泵。潜油泵按负荷电流启动和线温（75℃）启动，风扇按线温（65℃）启动。潜油泵按分级控制启动，第一组潜油泵设有延时回路，延时继电器KT4，现场检查主变压器KT4均置在0s，结合保护记录情况，在主变压器风冷启动时，主变压器本体气体继电器动作。检查设计图纸和竣工图纸，对延时继电器KT4厂家未作任何要求。现场将主变压器的KT4置在6s，模拟主变压器风冷启动，未发现有瓦斯保护动作。

一般强油循环结构的变压器装设有两个及以上潜油泵来加快油流的循环，如果多台潜油泵同时启动，由于油的流速过快，可能会导致变压器的气体继电器误动作，因此强油循环结构的变压器潜油泵启动应对称逐台启动，相邻延时间隔应在30s以上，以防止气体继电器误动。

5.4 变压器保护跳闸出口矩阵的整定

2017年5月26日10时3分42秒，110kV某变电站10kV低压侧出线发生相间故障，10kV保护动作，但由于断路器结构原因未能分闸，导致110kV主变压器低压侧后备保护动作，跳开主变压器10kV低压侧断路器。同时10kV备自投装置动作，合上10kV母线分段断路器，导致故障范围扩大。后经检查，主变压器10kV低压侧后备保护动作闭锁10kV备自投现场时间接线为出口3，但定值实际出口3没有整定，只整定了出口1、2，导致在低压侧后备保护动作时，没有闭锁10kV备自投装置，未合上10kV分段断路器。位与出口对应关系见表5-1。

表 5-1 位与出口对应关系表

位	11	10	9	8	7	6	5	4	3	2	1	0
对应出口	出口12	出口11	出口10	出口9	出口8	出口7	出口6	出口5	出口4	出口3	出口2	出口1

变压器三侧保护配置及逻辑多，跳闸断路器多，每个保护元件跳的断路器不一样，如果都用继电器，就会造成继电器和压板过多，接线复杂。跳闸矩阵就是先将跳每个断路器的跳闸继电器固定，对每个保护元件要跳的断路器编码，打勾直接启动要跳的断路器继电器。例如，RCS-978 变压器保护的跳闸矩阵，行表示动作的出口继电器，列表示保护元件，见表 5-2。当某保护动作后，变压器保护就会根据跳闸矩阵整定控制字决定哪个出口跳闸继电器动作，相应的跳闸触点就会闭合。

表 5-2 位对应说明

保护定值	序号	定值名称	跳闸对象	第14位	第13位	第12位	第11位	第10位	第9位	第8位	第7位	第6位	第5位	第4位	第3位	第2位	第1位	第0位
				跳闸备用4	跳闸备用3	跳闸备用2	跳闸备用1	跳低压侧2分支分段	跳低压侧1分支分段	闭锁低压侧2备自投	闭锁低压侧1备自投	闭锁中压侧备自投	跳中压侧母联分段	跳高压侧母联分段	跳低压侧2分支	跳低压侧1分支	跳中压侧	跳高压侧
主保护	1	差动保护	跳各侧断路器												1	1	1	1

每一个厂家的变压器保护都设有跳闸矩阵，来应对不同的保护动作跳不同的断路器，因此跳闸矩阵设置的正确与否将导致保护动作后所跳开的断路器是否满足定值整定的原则。因此在实际运行中应注意以下几点：

（1）定值参数的上报应准确，应通过实验的方法验证保护装置的每一个跳闸出口与跳闸矩阵中的哪一位整定值对应；

（2）校验正确的跳闸矩阵和跳闸出口对应表要存档，并建议张贴在保护装置上，以便日后定值更改核对；

（3）特别要注意设计图纸中使用备用跳闸出口来实现某些跳闸功能，例如，厂家已经定义的跳高压侧断路器出口由于某些原因数量不够，需要增加出口数量，一般设计就会采用备用出口来实现跳高压侧断路器，因此跳闸矩阵中对应的备用出口位就需要整定为“1”，若漏整定，将导致故障时备用出口所对应的断路器不会跳闸。

5.5　500kV 壳式变压器重瓦斯保护增加 1s 延时

2013 年 4 月 22 日 7 时 30 分 45 秒，某 500kV 变电站 220kV 线路发生单相转三相永久性短路故障，线路保护正确动作的同时，500kV 1 号变压器非电量保护动作跳开主变压器三侧断路器。非电量保护装置及综合自动化后台均显示“重瓦斯保护动作跳闸”。经继电保护班组及检修班组检查，发现保护装置及二次回路、主变压器本体均无故障。后经变压器厂家及专家检查分析认为：该站 500kV 1 号变压器为壳式变压器，当中压侧发生区外故障且故障电流较大时，主变压器内部绕组受机械力的作用，饼间挤压推动绝缘油，导致油箱压力上升，油速可能会达到重瓦斯继电器的整定值，导致重瓦斯保护可能误动作。

防止区外故障导致壳式变压器跳闸造成大面积停电事件，防止区外故障导致同时对多台主变压器造成冲击跳闸，应采取以下具体措施：

（1）当变电站存在两台及以上 500kV 壳式主变压器运行情况时，应优先采取运行方式调整措施，减少分段运行的母线单元上的壳式主变压器台数；

（2）在不事先限制负荷的前提下，如无法采用运行方式调整措施，或经过方式调整后，单个分段运行的母线单元（与其他母线无电气连接）上仍存在两台及以上壳式主变压器运行的情况，应采取部分主变压器重瓦斯保护增加 1s 延时跳闸的措施；

（3）当前不具备加保护延时条件的，应采取将部分主变压器重瓦斯保护由投跳闸改投信号的措施。

5.6　冷却器全停跳闸延时的设置

变压器绕组温度计和油温温度计间接指示温度，且表计的稳定性较差，易进水或直流接地，因此油浸式变压器不宜设置绕组温高跳闸和油温高跳闸，只设置异常告警。

采用强迫油循环方式的变压器，主变压器冷却控制系统全停或引起冷却控制系统工作电压全失（包括临时退出冷却系统全部工作电源），存在运行主变压器跳闸风险。冷控失电是指变压器在正常运行过程中其冷却器控制回路电源消失，保护装置将根据变压器运行温度是否达到规程规定而发出跳闸指令或发出报警保护信号。如果变压器冷控失电，对于正常运行的主变压器，在完全没有冷却的情况下，会造成运行中的变压器温度迅速升高，影响变压器绝缘。在此状况下，变压器满负荷运行最多只能运行 1h（多为 20～30min），将严重影响主变压器的安全运行。此时，变压器保护装置将根据变压器运行温度是否达到规程规定而发出跳闸指令或发出报警保护信号。

强油循环的风冷变压器，当冷却系统故障全停时，允许带额定负荷运行 20min，如果 20min 后顶层油温没有达到 75℃，则允许上升到 75℃，但这种情况最长运行时间不能超过 1h。因此变压器保护设置有冷却器全停跳闸功能，分别是 20min 内油温超过 75℃跳闸和全停超过 1h 跳闸。

20min 和 1h 延时一般可以在变压器非电量保护装置或变压器本体冷控箱内设置，因此现场设置时，应注意避免两个地方都设置或都没有设置延时，导致跳闸的时间不满足整定的要求。由于变压器本体冷控箱内的时间继电器一般为常规电磁型时间继电器，而且运行条件较差，因此建议变压器本体不设置延时，而在非电量保护装置中设置延时。并且强迫油循环变压器的冷却系统必须有两个相互独立的冷却系统电源，并装有自动切换装置。

5.7 变压器间隔的失灵启动回路

变压器间隔失灵启动回路的变压器保护动作判据、故障量判据、失灵保护动作时间整定全部在断路器辅助保护内完成，若没有按照实际的接线方式进行整定，则可能导致失灵保护误动或拒动的风险，如图 5-3 所示。

对于失灵判别全部在断路器辅助保护中完成，而启动回路中也没有串接保护动作触点的情况，当断路器辅助保护中有“经保护动作触点闭锁投运”控制字整定为 0 时，启动失灵则不经保护动作触点，变成纯有流判据，当电流判据动作时，即启动失灵保护，造成失灵保护误动作。

对于启动回路中串接了保护动作触点，断路器辅助保护中没有接入保护动作触点，仅作失灵判别，此时，当断路器辅助保护中有“经保护动作触点闭锁投运”控制字整定为1时，启动失灵需经保护动作触点，而由于该触点未接入，不满足启动条件，造成失灵保护拒动。

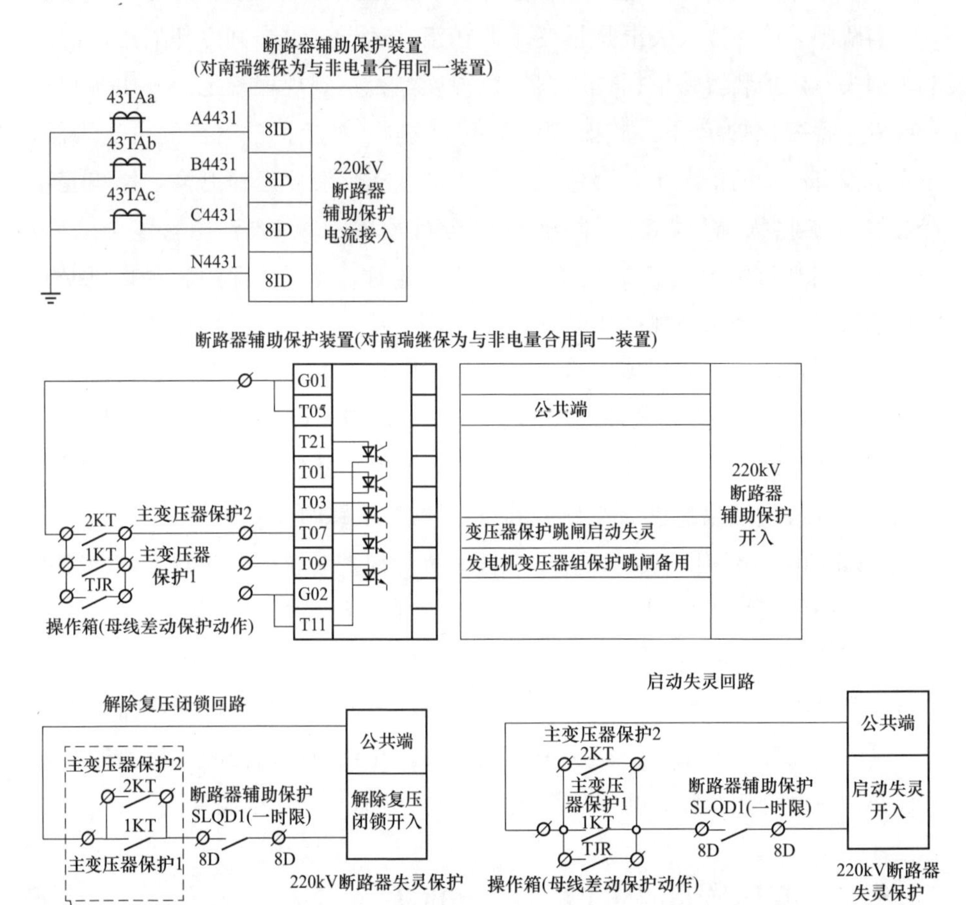

图5-3　失灵启动回路原理图

如断路器辅助保护中的失灵判别的触点时间和220kV断路器失灵保护中的失灵动作时间在整定时存在叠加情况，则有可能导致失灵保护动作延时较长的风险，会造成失灵动作时间大于规程要求，影响系统快速切除。

5.8　非电量保护跳闸应动作于断路器的两个线圈

重瓦斯等非电量保护作为变压器的主保护，一般是单套保护配置，其装置电源应使用独立的电源回路（包括直流空气小开关及其直流电源监视回路）

和出口跳闸回路且必须与电气量保护完全分开，同时作用于断路器的两个线圈，接两个跳闸线圈的跳闸继电器不宜为同一个继电器。

5.9 变压器差动保护设备参数定值整定应与变压器接线方式一致

2018 年 12 月 26 日 14 时 10 分 42 秒 955 毫秒，110kV 某变电站 2 号主变压器比率差动保护跳闸，动作相别 C 相、$I_{dc}=0.35A$（高压侧有名值），差动电流二次值为 $1.09I_e$（I_e 为额定电流），跳开 2 号主变压器高压侧 1102 和低压侧 502A、502B 断路器，造成 10kV 2AM、2BM 失压。

经检查，发生故障时，10kV 2AM 上有 10kV 出线发生短路故障，初步怀疑是区外故障导致的差动保护误动。后经用继电保护实验仪实验发现，高压侧和低压侧 502A 分支加平衡的穿越性负荷电流时装置有差流产生，因此是由于装置内部参数整定错误导致的。该站主变压器保护配置为长园深瑞的 ISA-387G 型号，进一步检查发现该型号的保护装置对变压器接线类型整定值不在定值菜单，而在厂家配置菜单中。由于该变电站变压器接线方式为 Yd11d11 接线，而在厂家配置菜单中整定为 Yyd11 接线，导致变压器差动保护设备参数定值整定与变压器接线方式不一致，在区外有较大故障电流时，产生较大差动电流，导致差动保护动作。

变压器接线方式控制字不同的保护厂家放在不同的菜单，对于维护的保护装置型号越来越多的继电保护班组员工来说，要熟悉每一个厂家的保护装置很难，能够避免出现由于定值参数整定错误导致的变压器差动保护误动作的唯一方法就是在投产验收时一定要校验比率制动系数和验证区外穿越性故障电流时保护装置无差流。

5.10 变压器差动保护设备参数定值整定应与装置电流接线一一对应

2006 年 5 月 2 日 15 时 39 分，500kV 某变电站 3 号主变压器保护 A、B 屏零序比率差动保护动作，跳开 3 号主变压器三侧 5031、5032、2203、303 断路器。继电保护人员对保护装置进行检查，发现 RCS-978G5 保护软件内部隐含参数设置有错，零差Ⅰ侧1支路（5031断路器）平衡系数设置为0.99，而零差Ⅰ侧2支路（5032断路器）平衡系数设置为0。由于当时500kV系统在同时刻有线路故障，5031、5032断路器有零序电流流过，因5032断路器零序通道系数为0，使保护内部计算出现零序差流，导致零序比率差动保护动作。经查，该变电站3号主变压器运行的保护版本为RCS978G53.00，该版本是按照要求在RCS978CF3.××、RCS978CG3.××的基础上进行修改升级的。升级后的配置均要求对比率差动保护斜率、二次谐波制动系数、三次谐波制动系数、Ⅰ侧为一个半断路器接线、Ⅱ侧为一个半断路器接线等定值进行固化处理，这些定值不出现在定值单的设置中，并且在打印、显示和后台通信中也不体现，只有通过DBG2000调试软件下载典型定值的方式才能进行整定。而此次Ⅰ侧2支路的零差平衡系数为0的原因是厂家工作人员在现场工作没有按照现场实际接线方式，在固化保护程序中将装置中“Ⅰ侧为一个半断路器接线”定值为“0”，没有整定为“1”，从而使得保护装置自身计算出Ⅰ侧2支路零差平衡系数为0，造成零序差动保护误动。

2013年12月2日13时7分，运行人员完成110kV旁路代3号主变压器高压侧断路器运行后，在切开1号主变压器501断路器，3号主变压器通过531断路器带10kV Ⅰ段出线负荷时，110kV某变电站3号主变压器比率差动保护动作，跳开主变压器高压侧旁路1032断路器及低压侧503B两侧断路器（当时3号主变压器高压侧1103断路器在冷备用状态，低压侧503A断路器在热备用状态）。

检查3号主变压器保护定值，现场执行与调度下发定值单一致。但该定值单中差动保护“二侧TA额定一次值”“二侧TA额定二次值”整定为零，因实际接入的3号主变压器差动保护第二侧为套管TA电流，变比为400/5，上述两项应分别整定为400和5。

按现场差动保护装置设计，在正常运行情况下，差动保护不取第二侧套管TA电流进行差流计算；在旁路代主变压器高压侧断路器运行情况下，差动保护才取第二侧套管TA电流进行差流计算。因差动保护“二侧TA额定一、二次值”整定为零，代路运行方式下，差动保护进行差流计算时，高压侧电流按零计算，造成差动保护计算出差流，在3号主变压器增带10kV Ⅰ段出线负荷时，因负荷电流增大，差流保护计算差流超过整定值，导致差动保护误动作。

变压器差动保护设备参数定值中一侧、二侧、三侧、四侧定值（额定电压、TA变比、接线方式、时钟数）应与保护装置屏后对应的差动电流接入的间隔一一对应。现场有时电流没有全部接入四个间隔，实际只接入了两个或三个间隔，没有接入电流间隔所对应的那一侧额定电压、TA变比定值一般整定为0，接入差动电流间隔所对应定值的参数要一一对应。如果出现屏后电流接线与定值不一致，由于送电时变压器负荷很小，装置差流也很小，很难发现，在变压器负荷较大时就会出现差流，可能导致保护的误动作。

5.11 站用变压器保护380V低压侧零序TA应穿过中性线和接地线

站用变压器低压侧380V侧一般采用YN型接线方式，采用三相四线制供电方式，中性点处同时接地。作为站用变压器低压侧380V接地保护的零序电流保护使用的零序TA应穿过380V侧YN型接线的中性线和接地线，如图5-4所示。如果按照图5-5的方式只有接地线穿过零序TA，则在发生接地

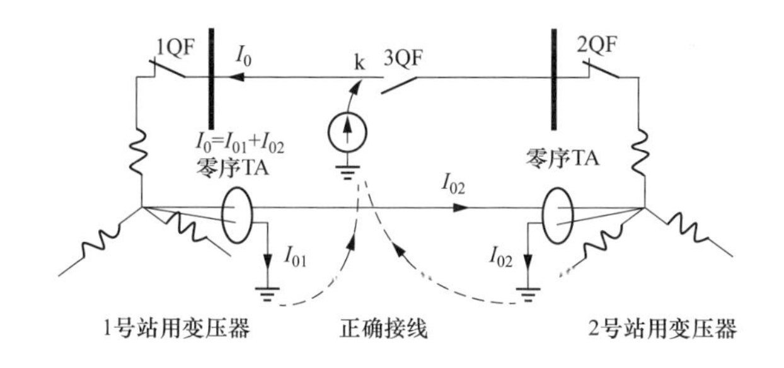

图5-4 正确接线方式

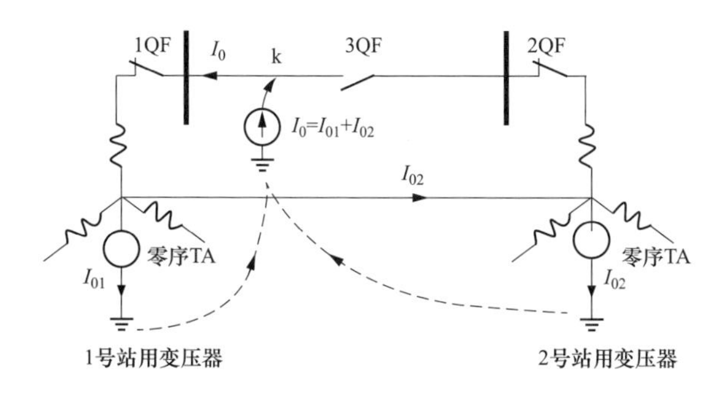

图5-5 错误接线方式

故障时，零序电流一部分通过中性线从另外一台站用变压器低压侧接地点流入大地，使发生故障的站用变压器零序 TA 不能正确反映出故障点零序电流的大小，将导致故障的站用变压器零序保护拒动或非故障的站用变压器误动，严重时可能造成两台站用变压器同时跳闸。

5.12 小电阻接地系统的接地变压器保护跳高压主变压器低压侧断路器应接操作箱的手跳继电器

按照南方电网的整定原则，在小电阻接地系统中，低压侧线路发生单相接地故障时，线路零序电流保护应该动作跳开线路开关，若保护拒动或开关拒分，应由接地变压器保护零序过电流保护跳开高压主变压器低压侧断路器来隔离故障同时闭锁备自投装置。由于高压主变压器低压侧断路器操作箱一般只有保护跳和手跳两个跳闸继电器，因此为防止接地变压器零序过电流保护跳开高压主变压器低压侧断路器时的备自投装置动作，接地变压器保护跳高压主变压器低压侧断路器应接操作箱的手跳继电器。

5.13 变压器后备保护跳母联、分段断路器应接入操作箱的 TJF 继电器

变压器后备保护跳母联、分段断路器应接入操作箱的 TJF 继电器，而不能接入 TJR 继电器。变压器后备保护动作跳母联、分段断路器主要是作为线路的远后备保护，将故障线路所在母线与其他母线隔离，将故障影响范围缩小。如果此时母联或分段断路器失灵，最严重的后果就是与失灵的母联或分段断路器相连的母线上的所有主变压器保护跳开各侧断路器。如果接入 TJR 继电器，可能导致启动母联或分段断路器失灵保护，造成与失灵的母联或分段断路器相连的母线上的所有断路器跳闸，母线失压，其后果与母线上的所有主变压器跳闸相比影响更严重。

6 母线保护及断路器失灵保护隐患分析及防范

6.1 断路器保护电流绕组的选择

如图 6-1 所示，在 k 点发生故障时，主变压器差动保护动作，跳开三侧断路器，若此时 220kV 断路器失灵，将通过 220kV 系统向故障点提供短路电流，此断路器保护无法感受到故障电流，形成保护动作死区，将导致失灵保护无法启动，必须通过相邻设备的后备保护切除故障点，扩大了故障范围，增加了故障切除时间。

其电流互感器绕组正确的排列应该如图 6-2 所示，断路器保护使用的电流互感器绕组应为母线差动保护绕组与主变压器保护绕组交叉范围内的电流绕组。

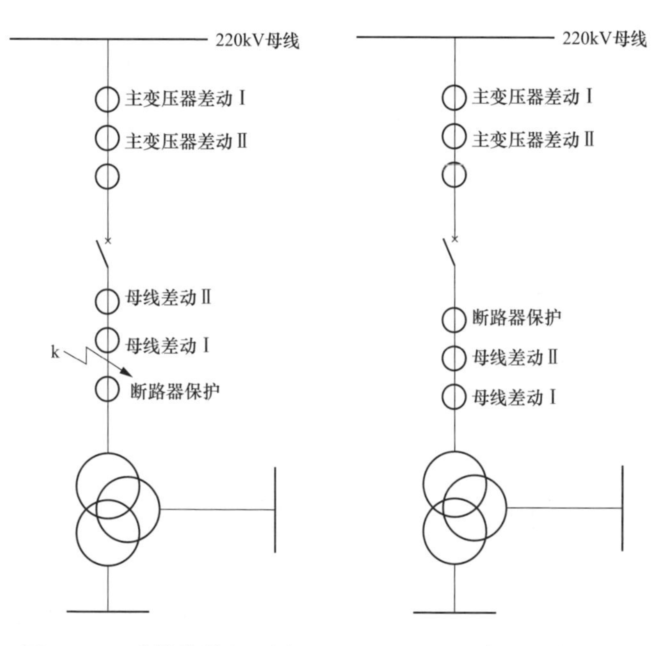

图 6-1　互感器错误配置图　　　图 6-2　互感器正确配置图

6.2 单套配置的 500kV 断路器失灵保护应动作于断路器的两个跳闸线圈

500kV 断路器失灵保护一般按照单套配置，为了增加保护跳闸的可靠性，单套配置的 500kV 断路器失灵保护应分别动作于断路器的两个跳闸线圈。联跳边断路器时，宜通过母线差动出口跳相关边断路器，而且应分别同时启动两套母线差动保护联跳边断路器。

6.3 重视 3/2 接线母线差动保护失灵联跳双开入逻辑拒动及延迟动作风险

3/2 接线母线差动保护失灵联跳双开入逻辑在南方电网新技术规范以前母线差动保护失灵联跳逻辑不同厂家各有不同，主要有以下三种：仅采用失灵联跳双开入“与”逻辑出口；采用失灵联跳双开入“或”逻辑；采用失灵联跳单开入逻辑。因此采用双开入“与”逻辑时，当任一失灵开入触点出现问题或者漏接线时，母线差动保护失灵联跳将拒动，给电网安全稳定运行带来严重影响。而且同一厂家不同时期的保护逻辑不同，甚至无法从保护版本上进行区分，给现场维护带来了极大的风险。

新技术规范对母线差动保护失灵联跳逻辑进行了优化，由以下三种逻辑组成，彼此采用“或”逻辑：

（1）失灵双开入启动逻辑：当对应间隔的两组失灵开入时，经 30ms 短延时跳母线；

（2）失灵单开入＋失灵间隔大电流判据逻辑：当对应间隔有一组失灵开入时，同时相应间隔一次电流大于 6000A 时，经 30ms 跳母线；

（3）失灵单开入＋跟跳＋延时逻辑：当对应间隔有一组失灵开入时，经 30ms 延时后跟跳本间隔，有流判据满足 150ms 后跳母线。

当任一失灵开入触点出现问题或者漏接线时，母线差动保护失灵联跳虽然不会造成拒动风险，但动作会有延迟。

特别是母线差动保护升级改造时，原来不是双开入的，在保护改造为新技术规范版本时，容易出现遗漏二次回路的更改（新增一个开入），从而不满足双开入要求的情况，存在导致母线差动保护拒动或延时动作的风险。因此原有非双开入设备改造为新技术规范设备时，应注意相应的开入二次回路的改造，确认是否满足双开入的要求。新技术规范以前母线差动保护版本升级时，务必注意版本型号，不能乱升级；扩建间隔时，要关注原有版本，务必通过实际传动验证。

6.4 重视隔离开关与辅助触点位置不对应对母线差动保护的影响

双母线接线的母线差动保护使用大差比率差动元件作为区内故障判别元件，使用小差比率差动元件作为故障母线选择元件，即由大差比率差动元件是否动作，区分母线区外故障与母线区内故障；当大差比率差动元件动作时，根据各连接元件的隔离开关位置开入计算出两条母线的小差电流，构成小差比率差动元件，最后由小差比率差动元件是否动作判断故障发生在哪一段母线。母线上各连接元件在系统运行中需要经常在两条母线上切换，因此正确识别母线运行方式直接影响母线保护动作的正确性。以下以 RCS-915 型母线差动保护进行分析，图 6-3 为 RCS-915 型母线差动保护隔离开关开入回路图，对于某一个间隔，需要同时引入该间隔的Ⅰ母隔离开关和Ⅱ母隔离开关的动合辅助触点。

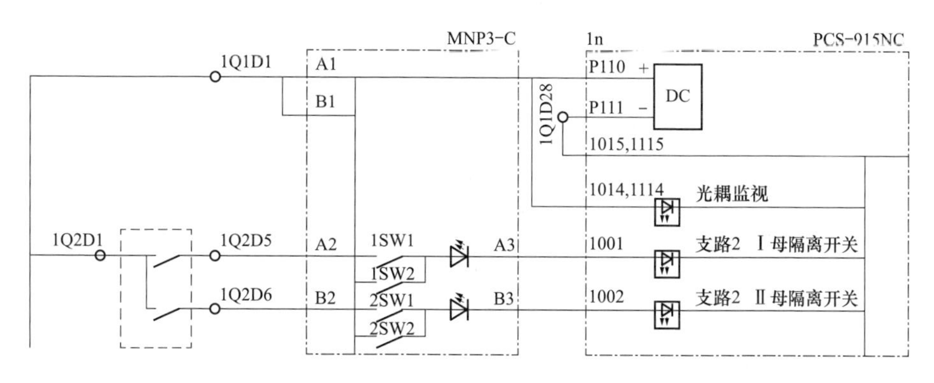

图 6-3 RCS-915 型母线差动保护隔离开关开入回路图

（1）动合触点误分/合对母线差动保护的影响。正常运行时，某支路挂 1M，当 1M 隔离开关动合辅助触点误分时，保护装置中该支路有电流而无隔离开关位置，装置能够记忆原来的隔离开关位置，并根据当前系统的电流分布情况校验该支路隔离开关位置的正确性，此时不响应隔离开关位置确认按钮，经处理的隔离开关位置保证了隔离开关位置异常时保护动作行为的正确性，不影响保护装置的运行，同时保护装置会发出“隔离开关位置异常”信号。

正常运行时，某间隔挂 1M，若 2M 隔离开关动合辅助触点误合，保护装置会发出“隔离开关位置异常”信号，同时保护装置会误认为两条母线互联。区外故障时保护不会误动作，但区内任一条母线故障时，保护装置会动作跳开两条母线，扩大了跳闸范围。

因此正常运行时，发生隔离开关动合触点误分，不影响母线差动保护运行，母线差动保护会发出“隔离开关位置异常”信号，此时应使用模拟盘对隔离开关位置进行更正，并检查隔离开关位置情况。正常运行时，发生隔离开关动合触点误合，母线差动保护可能会误跳正常母线，会发出“隔离开关位置异常”信号，此时应使用模拟盘对隔离开关位置进行更正，并检查隔离开关位置情况。

(2) 动合触点拒分/合对母线差动保护的影响。倒闸操作时，某间隔由 1M 倒至 2M，若 1M 隔离开关动合辅助触点拒分，保护装置会发出“隔离开关位置异常”信号，同时保护装置仍会认为两条母线处于互联状态，区外故障时保护不会误动作；但区内任一条母线故障时，保护装置会动作跳开两条母线，扩大了跳闸范围。倒闸操作时，当某间隔由 2M 倒闸至 1M 时，若 1M 隔离开关动合辅助触点拒合，保护装置中该支路有电流而无隔离开关位置，则装置能够记忆原来的隔离开关位置，并根据当前系统的电流分布情况校验该支路隔离开关位置的正确性，此时不响应隔离开关位置确认按钮，经处理的隔离开关位置保证了隔离开关位置异常时保护动作行为的正确性，不影响保护装置的运行，同时保护装置会发出“隔离开关位置异常”信号。

因此倒闸操作时，发生隔离开关动合触点拒合，不影响母线差动保护运行，母线差动保护会发出“隔离开关位置异常”信号，此时应使用模拟盘对隔离开关位置进行更正，并检查隔离开关位置情况。倒闸操作时，发生隔离开关动合触点拒分，母线差动保护可能会误跳正常母线，会发出“隔离开关位置异常”信号，此时应使用模拟盘对隔离开关位置进行更正，并检查隔离开关位置情况。

7 安全自动装置

7.1 备自投装置压板投退及接触不良隐患及防范

2016年5月11日10时57分9秒，220kV某变电站220kV 1M失压，220kV备自投装置动作跳开220kV 1M主供线路开关，约0.1s后备自投装置合母联2012断路器，220kV 1M、2M各有一条主供线路，但母联2012断路器未合上，之后报备投失败，导致220kV 1M失压。220kV备自投装置动作前该站（双母接线）分裂运行，220kV备自投装置以母联备投方式充电。

该变电站220kV备自投装置的动作情况为：0s 220kV 1M失压，0.2s出口跳主供线路开关，0.3s检测到主供线路开关在分位，0.33s出口合母联2012断路器，1.3s装置报备投失败。从220kV备自投装置的动作情况可以看出，备自投装置启动后正确跳开220kV主供线路开关，装置检测到主供线路开关确在分位，之后装置也有合母联2012断路器的动作记录，但母联2012断路器未合上，因此工作人员将检查重点放在母联2012合闸回路上。220kV备自投装置合母联2012断路器回路如图7-1所示，运维人员检查该站综合自动化系统后台报文，在220kV备自投装置动作前后，母联2012断路器始终未报控制回路断线。在备自投装置动作之前未报控制回路断线，说明开关机构正常，跳闸位置继电器KTP正常励磁，在备自投装置动作之后，若合闸令到达2012操作箱，手动合闸继电器KCRM励磁，则其动合辅助触点会将KTP短接，KTP应能复归，由于母联2012断路器一直处于分位，故合闸位置继电器KCP不励磁，因此会报控制回路断线，而在备自投装置动作过程中2012一直未报控制回路断线，故初步判断母联2012断路器操作箱未收到备自投合闸命令。运维人员在220kV备自投屏用万用表测量端子排103回路电位，回路电位为－52V，测量合2012出口压板6HXB7两端电位，均为－52V，测量

101 回路电位，电位为＋58V，回路电位均正常。测试 220kV 备自投装置及 2012 母联控制回路绝缘，绝缘良好，检查寄生，各空气开关之间无寄生。

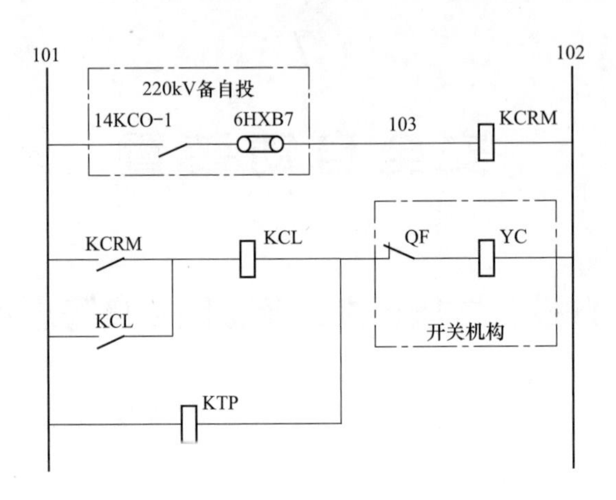

图 7-1　母联 2012 断路器合闸回路

事件发生时，备自投装置合母联出口灯点亮，而实际断路器未合上，经测试合闸触点动作正常，操作箱正常，因此合闸压板 6HXB7 需着重检查。工作人员对 6HXB7 进行 8 次投退实验，每次投入后均在压板后测试压板两接线柱之间的通断，在第 8 次投入后发现压板两接线柱之间不通，经厂家确认，压板存在接触不良的情况。

断路器实际运行时，220kV 备自投装置误投退线路检修压板，线路不参加备自投的逻辑判断，会造成备自投逻辑和出口判断错误；断路器检修时，此时若线路由对侧空充，则主电源跳闸时仍可能会合上或跳开检修开关，对检修人员的人身安全造成威胁。误投跳、合闸出口压板，可能造成不参与备投开关误合或误跳；对于检修开关，可能对检修人员的人身安全造成威胁。若出口压板漏投，影响动作过程，则相当于备自投装置拒动。还有一种情况是误投退总功能投入压板，备自投装置退出运行时未退出该压板，导致误出口；运行时，总功能投入压板退出，则备自投不充电，漏投产生拒动。

针对压板投退风险，现场运维班组应对 220kV 备自投装置予以重视，采取相应的应对措施防范相应风险。如针对检修压板误投退问题，采用线路正常运行时，退出相应检修压板；线路开关检修时，投入相应检修压板和退出相应出口压板。针对误投退出口压板及出口压板问题，加强设备巡视，按照设备实际运行情况投退。跳、合闸回路接触不良、接线错误或不完善导致备自投装置动作不能跳、合对应开关，从而影响动作过程，后果相当于备自投装置拒动。外部闭锁备自投回路接触不良、接线错误或不完善，母线故障时不能闭锁备自投，将使事故扩大。备自投误动，可能导致全站失压。针对此类风险，采取的应对措施为投产验收时现场运维人员严格把关，做到无缺陷投产。装置运行后的定期检验，严格按照作业指导书逐条逐项检验，确保装置二次回路无接触不良隐患。

7.2 安全自动装置端子排的对外每个端子的每个端口只允许压接一根线

110kV 某变电站运行方式为：110kV Ⅰ、Ⅱ段母线分列运行，110kV 181 线路（主供）、110kV 182 线路（小电源）上 110kV Ⅰ段母线运行，110kV 184 线路（主供）、110kV 183 线路（小电源）上 110kV Ⅱ段母线运行，如图 7-2 所示。

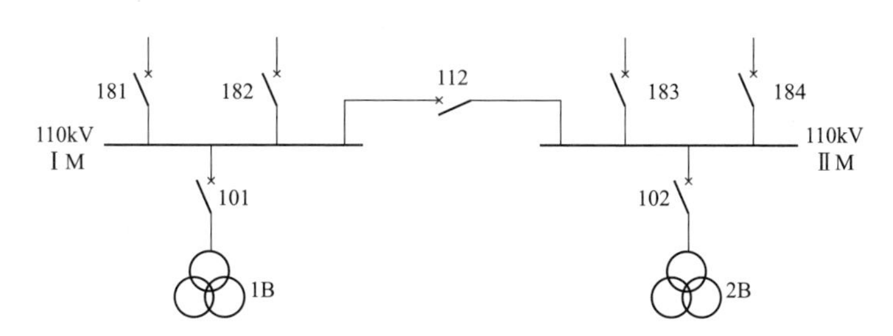

图 7 2　变电站主接线图

2019 年 2 月 17 日 18 时 7 分 8 秒 895 毫秒，110kV 184 线路两侧差动保护动作跳开 110kV 184 线路两侧断路器，重合于永久性故障再次跳开。因该站侧 110kV 183 线路为小水电，110kV 184 线路跳闸后由 110kV 183 线路供电。2019 年 2 月 17 日 18 时 7 分 9 秒 232 毫秒，110kV 备自投装置启动，延时 3.688s（定值 3.7s）于 2019 年 2 月 17 日 18 时 7 分 12 秒 920 毫秒，110kV 备自投装置动作跳 110kV 184 断路器，并联跳 110kV 182 断路器、110kV 183 断路器。2019 年 2 月 17 日 18 时 7 分 21 秒 923 毫秒，110kV 备自投装置跳 110kV 182 断路器成功、跳 110kV 183 断路器失败（备自投装置跳电源 2 动作失败），备自投装置放电（该站为了确保备自投装置启动时能可靠动作，备自投装置动作过程中不受站内各小电源干扰，110kV 备自投装置动作联切该站所有小电线路)，备自投逻辑返回，停止下一步动作逻辑，如图 7-3 所示。

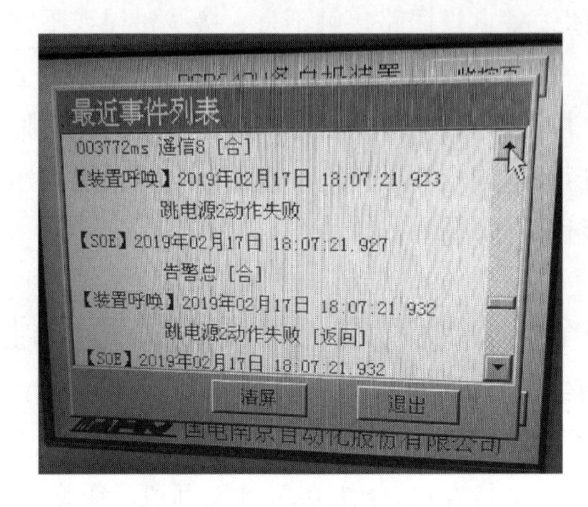

图 7-3　110kV 备自投装置联跳小电失败报文

该站 110kV 备自投装置经进线断路器跳位和无流判据启动，在小电源未能尽快解列的情况下，存在与进线保护的重合闸不配合的风险，可能导致备自投先于重合闸动作，闭锁重合闸；但是如果不采用此启动判据，可能会存在 183 线带该站 2 号主变压器孤网运行，如果孤网运行时间较长，则会错过重合闸和备自投开放时间。

110kV 183 线路保护装置于 2008 年投运，屏柜内端子设计紧凑，接线排列紧密，只设计了手跳继电器及保护跳闸继电器，无永跳继电器。手跳继电器接入的 4D38 端子与 4D39 端子短接，4D38 端子外侧接入 110kV 备自投装置跳 183 断路器回路（BT-134E/133）和 110kV 母线差动保护跳 183 断路器回路（NZ-121/35）两根电缆芯线，内侧端子接 1n11x4（手跳继电器接线），4D39 端子外侧接入频率电压紧急控制装置跳 183 断路器回路芯线，端子内侧接入测控装置手动跳闸回路芯线（1-6D23）。现场检查发现 4D38 端子外侧接入的 110kV 备自投装置跳 183 断路器回路（BT-134E/133）芯线松动，如图 7-4 和图 7-5 所示。

检修人员在恢复接线时发现，该跳闸回路接线工艺较差，按照常规接线工艺，电缆芯线要从线槽内水平引出，引出后折成一定弧度后接入端子，既在长度上留有一定裕度又减少线芯的拉力，但实际接线是从线槽内引出后直接绷紧地接入到端子。在恢复上述接线时，需要借助尖嘴钳用力将线拉出后，才能将回路接入端子，证明原接线方式一直向线槽方向有拉力，如图 7-6 所示。

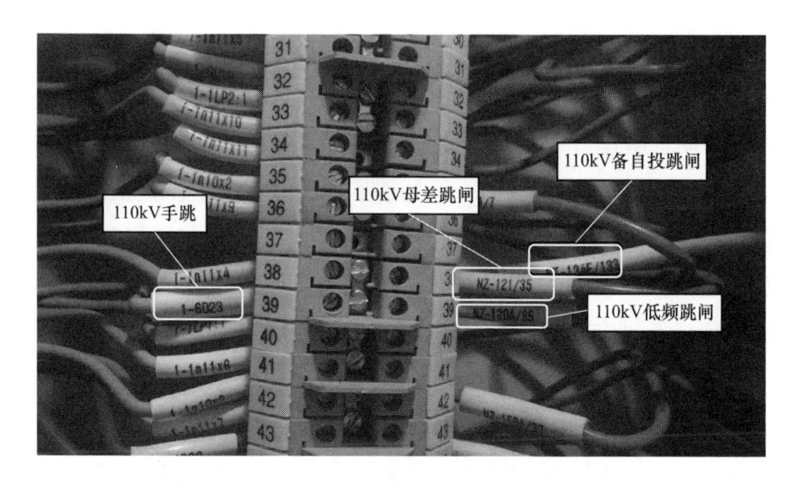

图 7-4　110kV 183 线路保护装置屏处接线情况

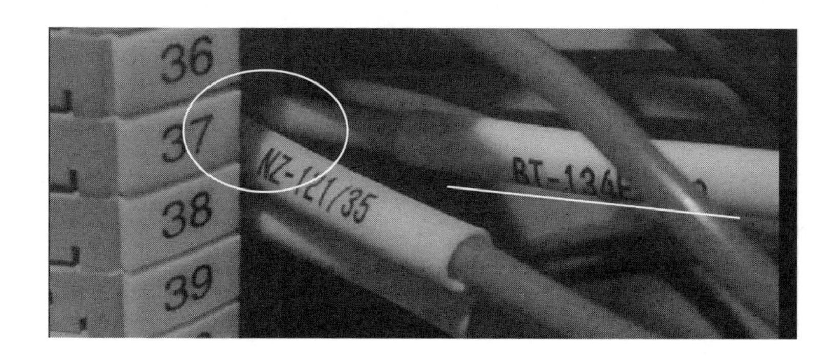

图 7-5　110kV 183 线路保护装置屏处备自投装置联跳 183 断路器现场端子图

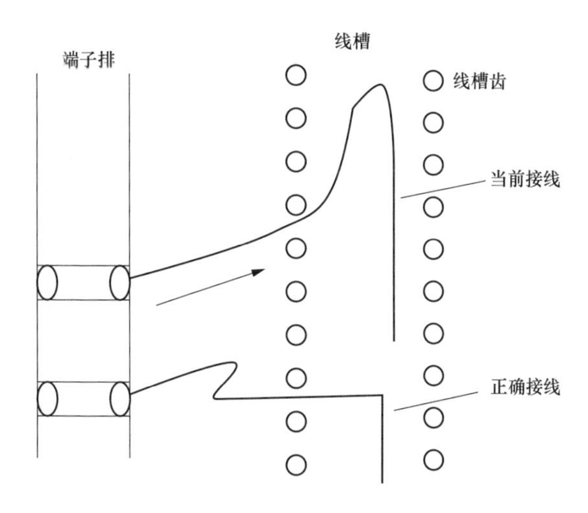

图 7-6　拉力示意图

该站备自投装置未能正确动作暴露了基建施工时接线工艺差的缺点，施工单位只是完成将回路接入端子，未考虑长期运行后，由于两根线芯同压一个端子和电缆线芯绷紧后拉力的一直存在，将会导致二次回路松脱的隐患；暴露了运维单位验收人员风险意识不强，验收过程中对同一端子压接两根线芯存在的松脱风险认识不足，对接线工艺（接线紧绷）可能导致的松脱风险识别不到位。

针对该类隐患，相关规程规范已要求新建、扩建或改造的安全自动装置端子排的对外每个端子的每个端口只允许接一根线，不允许两根线压接在一起。对于已运行的装置应按照轻重缓急原则，结合技改完成整改。

7.3 母线 TV 断线可能导致轻载变电站备自投装置误动作隐患风险分析及防范

2017 年 2 月 15 日，计划开展 220kV 线路 2522 母线侧隔离开关检修。运行人员将Ⅱ段母线负荷转移到Ⅰ段母线后，9 时 47 分断开 220kV 母联 212 断路器，220kV 备自投装置跳开 220kV 线路 254 断路器、线路 253 断路器，出口合 220kV 线路 251 断路器，后因线路 251 主Ⅰ、主Ⅱ保护距离手合加速保护动作断开线路 251 断路器，发生全站失压事件，如图 7-7 所示。

220kV 某变电站共 4 回 220kV 线路、2 台 220kV 主变压器、10 回 110kV 线路。220kV 备自投装置动作前，220kV 某变电站所有进线和负荷运行于 220kV Ⅰ段母线，220kV Ⅱ段母线空母线运行，220kV 某变电站由 220kV 线路 254 断路器和线路 253 断路器主供于 220kV Ⅰ段母线（即 2531、2541 隔离开关处于合闸位置，2532、2542 隔离开关处于分闸位置），220kV 线路 251 断路器热备用于 220kV Ⅰ段母线，220kV 线路 252 断路器处于检修状态，220kV 1、2 号主变压器运行于 220kV Ⅰ段母线，220kV 母联 212 断路器处于合位，220kV Ⅰ、Ⅱ段母线互联，220kV Ⅰ、Ⅱ段母线 TV 分别合于 220kV Ⅰ、Ⅱ段母线。

9 时 47 分 18 秒 51 毫秒，运行人员按调度令遥控断开 220kV 母联 212 断路器，结合母线差动保护装置开入变位情况及故障录波图分析，212 断路器在中间标尺位置处于分闸位置，220kV Ⅱ段母线已处于停电状态，此时 220kV Ⅰ、Ⅱ段母线 TV 二次电压均降低至 50%U_N 左右且二者波形完全一致，并列装置电压监视继电器返回，后台报 220kV TV 并列装置Ⅰ、Ⅱ段母线失压信号，但 220kV Ⅱ段母线 TV 二次仍有电压，据此可推断Ⅰ、Ⅱ段母线 TV 二

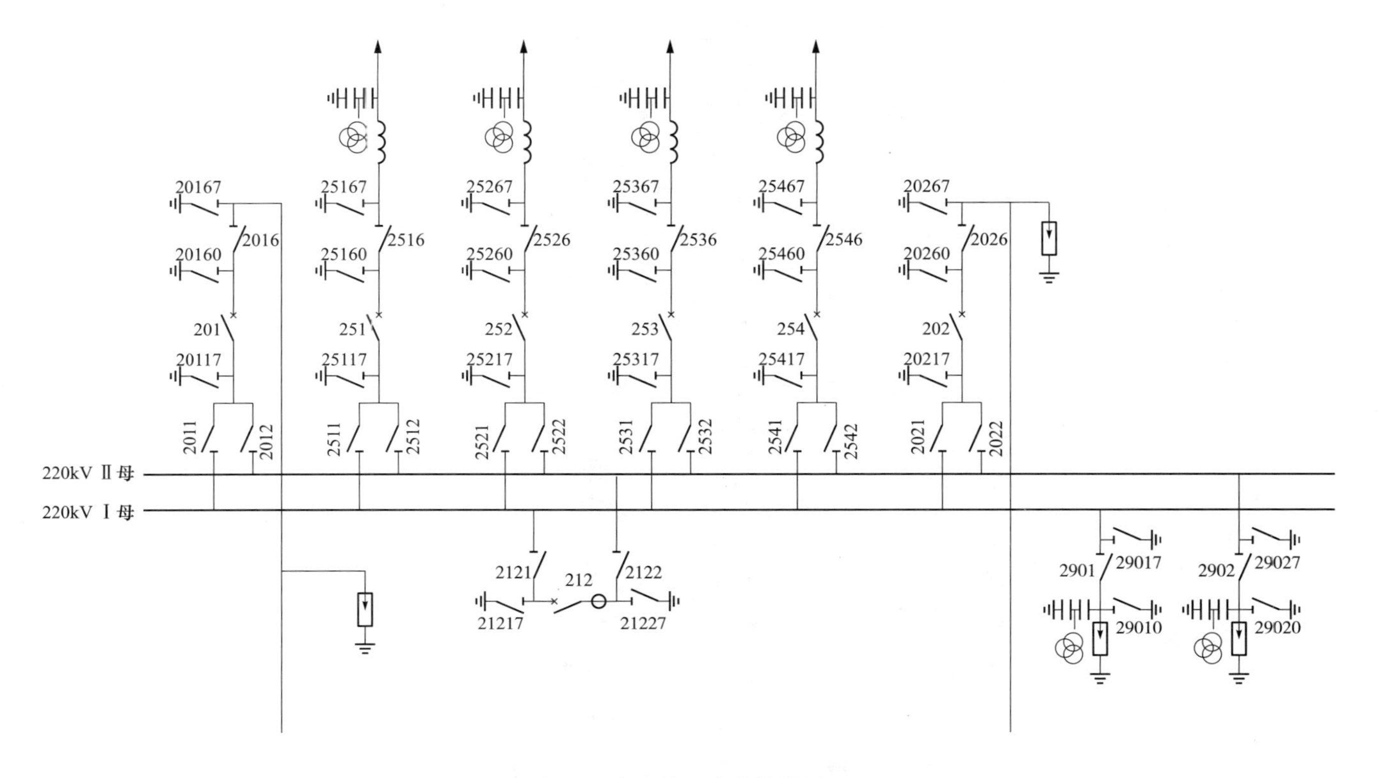

图7-7 变电站一次主接线图

次侧出现并列运行，如图 7-8 和图 7-9 所示。

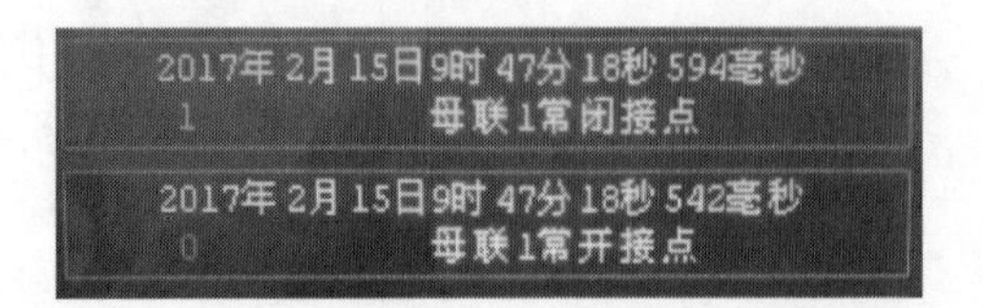

图 7-8 母线差动保护装置开入变位情况图

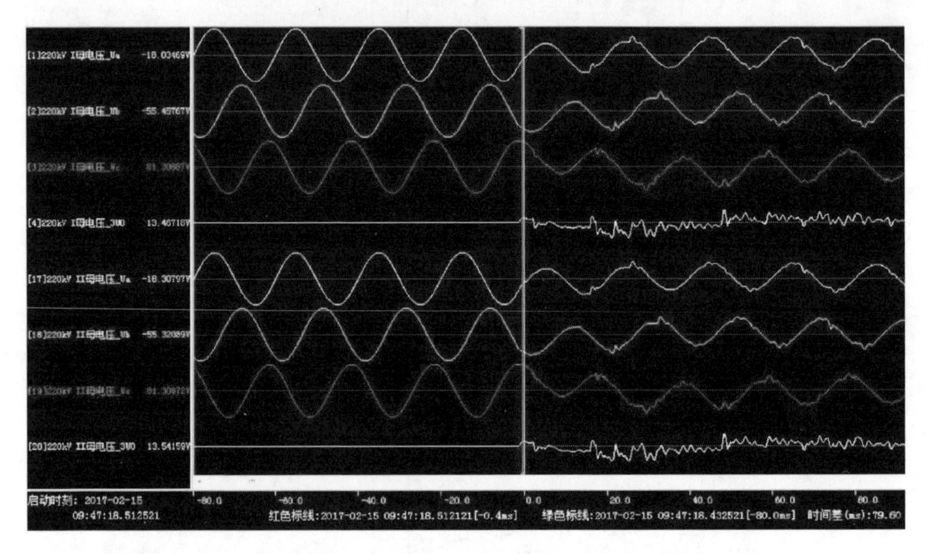

图 7-9 220kV 母联 212 断路器断开后电压波形图

此时 220kV Ⅰ段母线带电、Ⅱ段母线已停电，但Ⅰ、Ⅱ段母线 TV 二次电压回路经由 220kV 线路 254 断路器间隔的电压切换回路并列（原因后述），此时 220kV Ⅰ段母线 TV 经Ⅰ段母线二次电压空气开关、Ⅰ母 TV 重动回路、220kV 线路 254 断路器电压切换回路、Ⅱ母 TV 重动回路、Ⅱ母二次电压空气开关向 220kV Ⅱ母 TV 反送电，产生较大的涌流，导致 220kV Ⅰ母 TV 二次保护电压空气开关（B6，三相联动空气开关，如图 7-10 所示）、计量电压 B 相空气开关（C6，A、B、C 相分相空气开关）跳闸（计量电压回路与保护电压回路采用同一组重动切换触点，因此均发生二次并列，但空气开关型号不同，二者动作结果不同，动作时序无必然联系）。

220kV 线路电压切换回路动作分析：2017 年 2 月 15 日 9 时 30 分左右，运行人员将 220kV 线路 254 断路器由 220kV Ⅱ段母线倒闸至Ⅰ段母线运行，此时 2542 隔离开关辅助触点因行程转换不到位导致未变位，致使Ⅱ母电压切换继电器未复归，保持动作状态，而此时 2541 已合闸且辅助触点转换到位，Ⅰ母电压切换继电器动作，形成Ⅰ、Ⅱ母电压切换继电器同时动作，将 220kV Ⅰ、Ⅱ段母线 TV 二次电压并列（空气开关位于电压互感器二次绕组与切换箱端子之间），如图 7-11 所示。

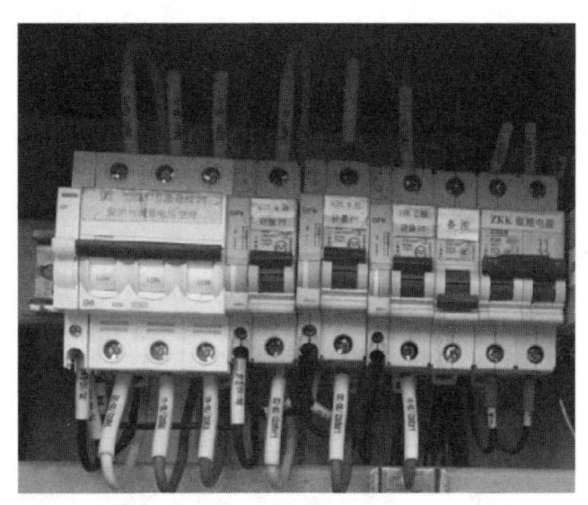

图 7-10　TV 二次电压空气开关配置及跳闸情况图

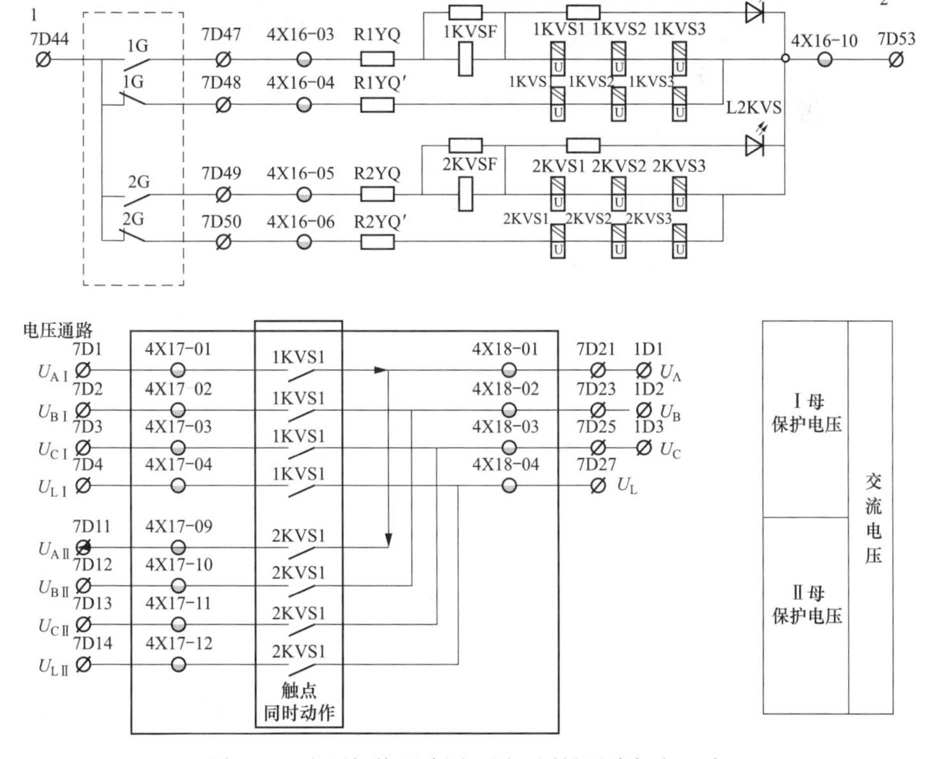

图 7-11　电压切换回路原理图（测量回路与之一致）

220kV 备自投装置动作行为：9 时 47 分 26 秒 16 毫秒，220kV Ⅰ段母线 TV 二次保护电压空气开关跳闸后，220kV Ⅰ、Ⅱ段母线二次电压失压，220kV 备自投装置进入备自投判断逻辑，因满足其动作条件：①220kV Ⅰ、Ⅱ段母线二次电压失压；②备自投有流判据满足动作条件（该备自投装置有流闭锁定值为 0.5A，故障录波测得 220kV 线路 254 断路器、线路 253 断路器流过最大二次电流为 0.2A，达不到有流闭锁定值，如图 7-12 所示），220kV 备自投装置经过定值延时 1506ms（装置内延时跳闸定值为 1.5s）后出口跳开主供线路 220kV 线路 254 断路器、线路 253 断路器，后经定值延时 3050ms（装置内延时合闸定值为 3s）出口合上 220kV 线路 251 断路器，220kV 线路 251 断路器因距离手合加速保护动作跳开，备自投装置动作情况如图 7-13 所示。

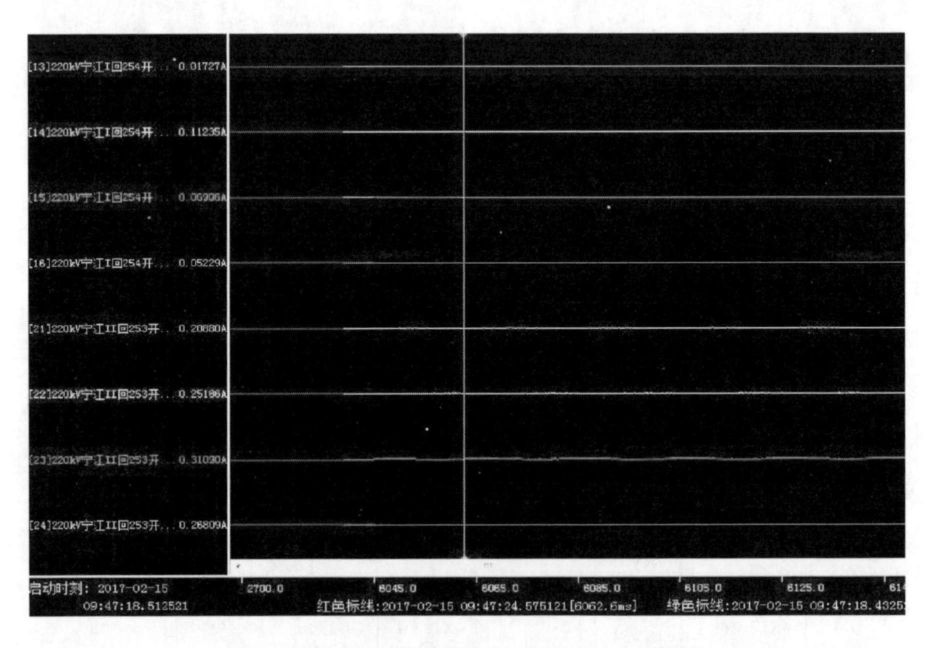

图 7-12　空气开关跳闸前主供线路 220kV 线路
254 断路器、线路 253 断路器电流波形

按照当时主流厂家的备自投策略，当线路轻载运行（负荷电流小于备自投装置整定的无流定值）时，如果发生母线 TV 异常失压，备自投将会动作出口，即目前的备自投装置在特殊运行情况下防 TV 异常失压后误动作的措施不足。

针对该种情况，相关规程规范已要求母线 TV 断线可能导致轻载变电站备自投装置误动作情况，宜在主供电源跳闸判别逻辑中引入线路电压、开关位置等辅助判别信息，增加防误判据。该站通过增加主供线路电压和开关位置的判别措施来解决当前备自投装置存在的上述问题，即优化后的动作判据有两种：第一种，当母线电压低于母线无压判据定值，主供线路电流小于无流判据定值，备供线路/备用母线电压大于备线/备用母线有压判据定值，主供线路开关在合位且线路无压时，备自投装置经延时 t_1 动作跳开主供线路开关，后再经延时 t_2 合上备供线路开关或母联断路器；第二种，当母线电压低于母线无压判据定值，主供线路电流小于无流判据定值，备供线路/备用母线电压大于备线/备用母线有压判据定值，且主供线路开关在分位时，备自投装置经延时 t_1 动作跳开主供线路开关，后再经延时 t_2 合上备供线路开关/母联断路器。优化后的备自投装置动作逻辑图如图 7-14 所示。

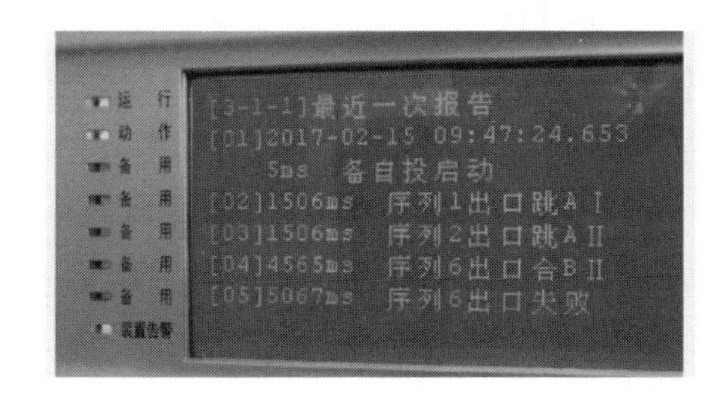

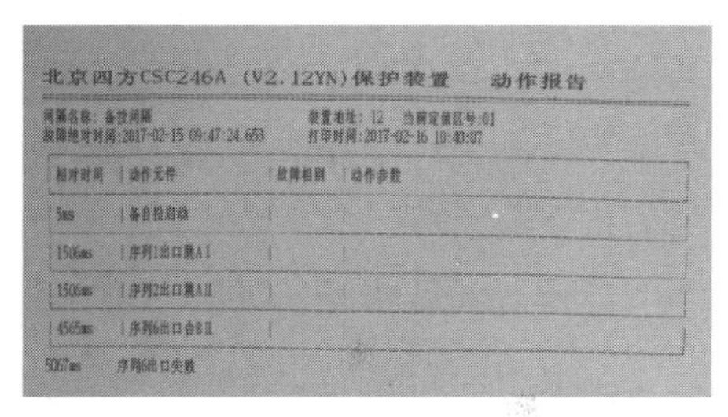

图 7-13 220kV 备自投装置动作报告

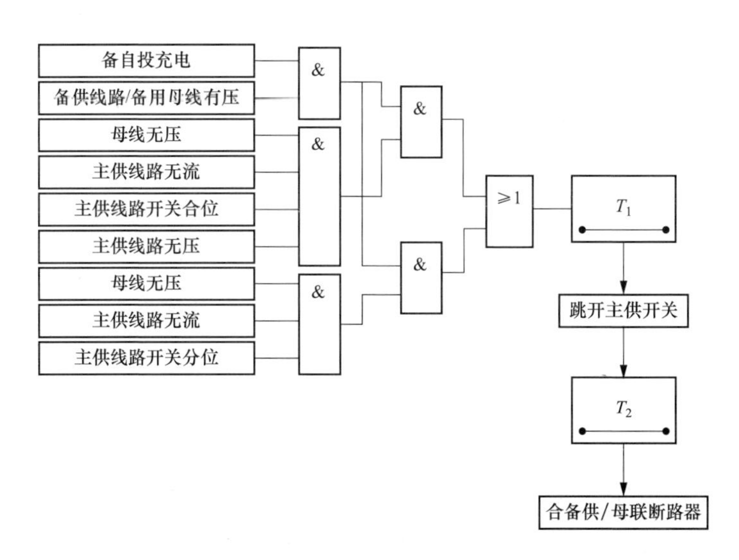

7-14 优化后的备自投装置动作逻辑图（防轻载 TV 空气开关跳闸）

7.4 备自投装置接入的开关位置应采用开关辅助触点

220kV 某变电站 110kV 甲线 136 断路器距离 I 段保护动作跳闸，重合闸动作成功，约 1s 后再次发生 A、C 相故障，保护再次动作跳闸，重合闸未动作；110kV 某变电站 110kV 甲线保护动作跳闸后跳开所接小水电，重合闸成功动作，因对侧电源开关跳开，110kV 某变电站失压。110kV 某变电站备自投装置正确启动后跳开 162 断路器，由于 162 断路器开始储能，备自投装置采集的跳闸位置继电器信息不能变位（断路器储能过程中，断路器跳闸位置继电器无励磁电源，断路器分位不能正确动作），备自投装置无法确认 162 断路器跳开，装置延时 5s 后放电返回，110kV 某变电站失压。

为防止因整组动作时间和断路器弹簧储能机构动作特性不一致引起备自投装置拒动，新建、改扩建工程的备自投装置跳闸位置开入必须使用开关辅助触点，已运行备自投装置应按照以下原则逐步开展反事故措施工作：110kV 备自投策略为“一主一备”“两主一备”和“分段备投”的变电站运行风险较大，存在单供线路永久性故障时变电站失压或负荷损失的风险，限时整改；重合闸退出的间隔（如 110kV 纯电缆线路、110kV 分段等），不存在上述运行风险，可不立即安排反事故措施工作，但应结合备自投或保护装置改造完善相关二次回路。

7.5 110kV 备自投与安稳装置的配合

安稳系统是防止电网失稳瓦解和大面积停电事故的重要防线，其主要功能是解决电网稳定破坏或设备过载问题。它通过采取切机、切负荷或解列等控制措施来避免主网失稳、瓦解和大面积停电事故以及重大设备损坏事故的发生。安稳系统一般以 500kV 厂站为控制站，220kV 变电站为切负荷执行站，用以切除 220kV 变电站的部分 110kV 出线负荷。安稳系统动作切 110kV 电源线路造成 110kV 变电站主供电源失电时，线路备自投装置不允许动作。但由于其他原因使主供电源失电时，线路备自投装置应能正确动作，常规的线路备自投装置不具备区分这两种情况的能力。

安稳装置只装设在 500kV 和 220kV 变电站，与 110kV 变电站间均没有建立通信通道。但要在安稳装置和110kV变电站间建立通信通道，将安稳装置动作切110kV线路造成主供电源失电时闭锁110kV备自投的触点远传至数量多、分布广的110kV终端站是不可行的。为了解决这个问题，通过两个判据，达到“安稳动作备自投闭锁”的目的。

第一个判据为母线电压不平衡开放备自投判据，当安稳系统因主网联络线接地故障动作时，110kV终端站内的故障相电压下降有限，健全相与故障相电压之间的不平衡度较小；而当110kV终端站的电源线发生金属性接地故障时，终端站内的故障相电压理论上降为0，健全相与故障相之间的电压不平衡度理论上无穷大。当安稳系统因主网联络线发生相间故障时，110kV终端站内相电压的幅值及相位变化不大，线电压的不平衡度较小；而当110kV终端站的电源线发生相间故障时，故障线相间电压降为0，故障线相间电压与最大线电压之间的不平衡度较大。因此，可通过终端站内母线相电压或线电压的不平衡度来区分主网联络线故障与终端站的电源线故障．并且可根据$3U_0$的幅值大小来判断系统故障是否为接地故障，当$3U_0$较大时，用相电压的不平衡度作为备自投的开放判据；当$3U_0$较小时，用线电压的不平衡度作为备自投的开放判据。当相电压不平衡度和线电压不平衡度检测元件均未启动时，若母线无压，则可以认为是安稳系统切负荷，备自投不开放。

第二个判据为重合闸检测开放备自投判据，当备自投的电源进线重合闸投入时，在110kV线路单相经高阻接地的情况下，电压不平衡开放备自投的灵敏度可能不够。此时可参考110kV线路重合闸的特征来开放备自投。110kV线路均采用三相重合闸方式，利用110kV线路重合于故障过程中母线电压的变化，即“母线有压—母线无压—母线有压”来判断线路经历的重合闸过程，用于开放备自投。

110kV备自投装置是一种对提高电网供电可靠性切实有效的安全自动装置。在越来越多区域采取解环、分区运行的供电方式下，备自投装置的作用尤为突出。当安稳装置切负荷时导致工作电源供电的母线失压时，110kV备自投装置不应动作，避免备自投装置动作合上备用线路，造成上级安稳装置切负荷减载目的失败。

7.6 稳控装置及系统拒动引发大面积停电

2018年3月21日15时48分，巴西发生大停电事故，损失负荷21735MW

(全网负荷 79360MW)，约占巴西全国骨干电网负荷的 27%；其中，北部和东北部 14 个州 2049 个城市受到严重影响，负荷损失比例高达 93%和 99%；巴西南部、东南部和中西部共 9 个州电网受到一定影响，负荷损失比例达 5.5%～7%，巴西电网联系图如图 7-15 所示。此次事故中，北部和东北部 220kV 及以上线路停运 458 条（占比 95%），北部、东北部电网与南部电网解列后系统失去稳定，电网基本全停，事故后约 3h 才陆续恢复供电；南部、东南部及中西部电网频率最低降至 58.44Hz（额定频率 60Hz），低频减载动作切除约 3665MW 负荷，事故后约 20min 基本恢复。当晚 21 时，巴西所有电力供应基本恢复正常。

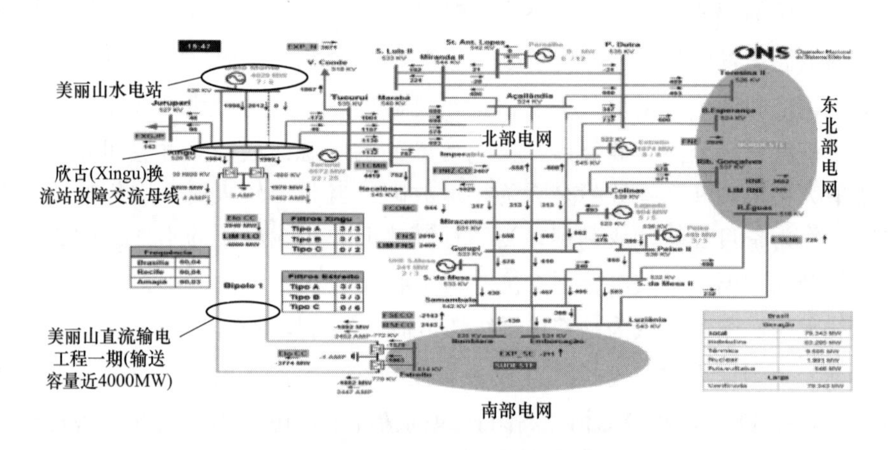

图 7-15　巴西电网联系图

当地时间 2018 年 3 月 21 日 15 时 47 分事故发生前，巴西电网全网负荷 79360MW，500kV 主网系统频率、电压运行正常。美丽山直流输电工程一期事故前正常运行，输送功率近 4000MW，送端欣古换流站交流侧采用单母线临时运行方式，送端的美丽山水电站 7 台机组运行，总出力 4029MW，与美丽山直流输送功率基本匹配。

3 月 21 日，美丽山直流输电工程一期进行满功率（4000MW）试验，直流升功率过程中，送端欣古换流站 500kV 分段断路器（9522）电流超过过电流保护定值（4000A），断路器过电流保护动作跳闸，导致直流系统所在母线 A 失压（母线 B 已停运进行设备安装），失压后 950ms 直流双极闭锁，如图 7-16 所示。

直流闭锁后，直流控制保护认定交流母线失压信号无效，将直流闭锁信号及无效信号发至稳控装置，稳控装置判定信号无效，没有将切机命令发至美丽山水电站，导致美丽山水电站送出功率大范围转移至北部交流电网，而后多条联络线路跳闸，导致北部、东北部与南部电网解列。北部电网因功率过剩，频率高达 71.69Hz 并发生振荡，电网基本全停；东北部电网因功率缺失，频率低至 57.3Hz 后短时恢复，后因机组跳闸失去稳定，基本全停；南部、东南部、中西部电网因功率缺失，频率低至 58.44Hz，低频减载第一轮动作切除 3665MW 负荷后保持稳定运行，如图 7-17 所示。

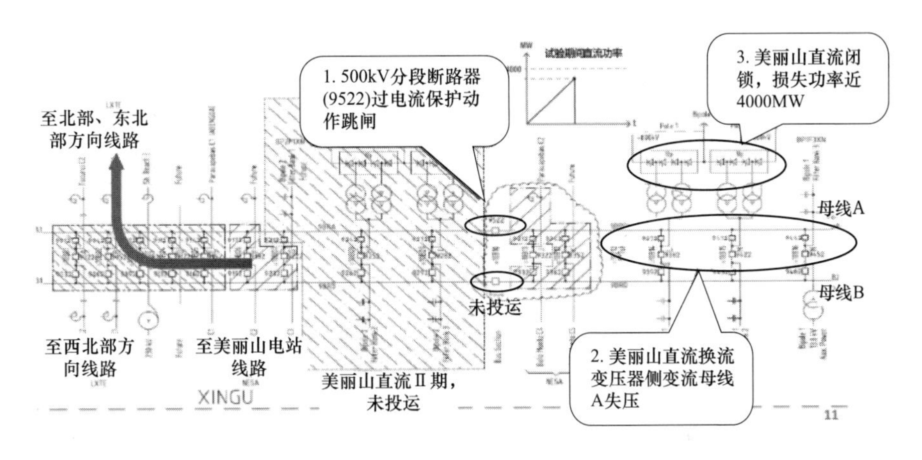

图 7-16　故障发生过程图一

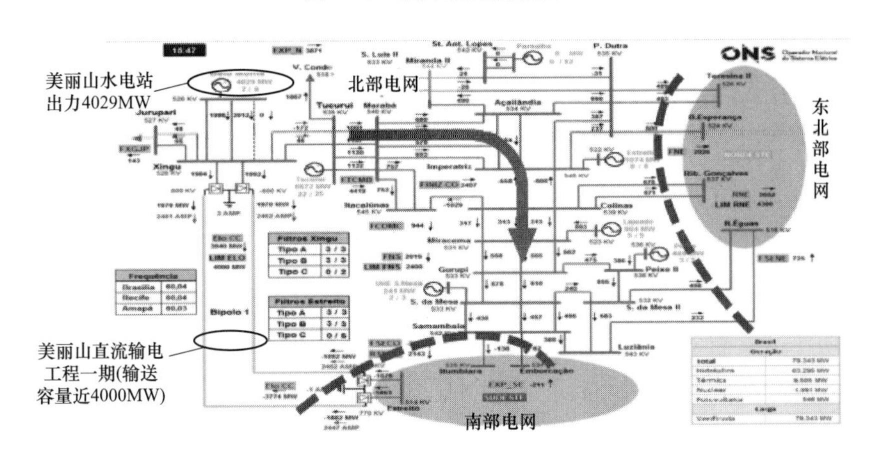

图 7-17　故障发生过程图二

此次事故中，北部 86%的线路和东北部 98%的线路停运（220kV 及以上），北部、东北部电网与南部电网解列，事故后约 3h 陆续恢复供电；南部、东南部及中西部电网事故后约 20min 基本恢复。当晚 21 时，巴西所有电力供应基本恢复正常。故障恢复时序图如图 7-18 所示。

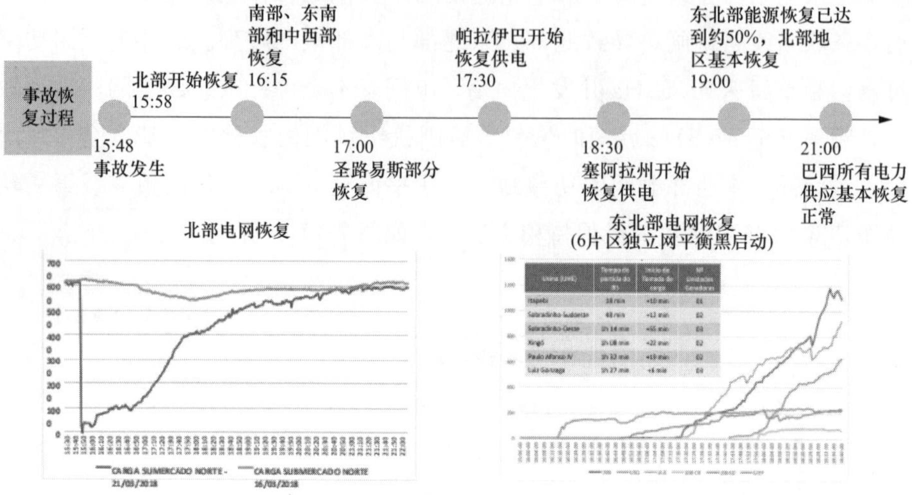

事故恢复过程

15:48 事故发生

北部开始恢复 15:58

南部、东南部和中西部恢复 16:15

17:00 圣路易斯部分恢复

帕拉伊巴开始恢复供电 17:30

18:30 塞阿拉州开始恢复供电

东北部能源恢复已达到约50%，北部地区基本恢复 19:00

21:00 巴西所有电力供应基本恢复正常

北部电网恢复

东北部电网恢复（6片区独立网平衡黑启动）

图 7-18　故障恢复时序图

此次事故暴露以下问题：

（1）交直流并联电网存在结构性问题。巴西电网在美丽山直流工程投产后，北部与南部电网形成交直流并联运行，直流系统故障严重依赖稳控措施切机才能保证系统稳定，若未能有效实施稳控措施，将引起潮流大范围转移至交流系统并引发系统连锁反应，严重情况下将导致系统崩溃。

（2）工程过渡期换流站接线薄弱，单一故障即导致直流闭锁。换流站交流场尚在建设过程中，采取单母线运行方式，运行风险很大，单一开关或单一母线跳闸均可能导致直流系统失压，引发直流双极闭锁。

（3）母线分段断路器过电流保护定值管理不到位。据了解，巴西国调负责换流站母线 9522 分段断路器过负荷保护定值管理。3 月 21 日开展美丽山直流满功率试验前，该断路器（西门子供货）出厂设定值为 4000A，巴西国调未下发新的定值，试验期间断路器实际电流达到动作定值导致过电流保护动作跳闸（事故后该定值调整为 5000A）。

（4）稳控系统管理存在问题。巴西国调稳控策略设计考虑不周、入网测试把关不严，装置正式投运前未能及时发现并消除稳控装置逻辑判据上存在的较大缺陷，装置运行可靠性差，导致直流因换流变压器母线失压而闭锁的特殊工况下稳控系统发生拒动，引发大面积停电（据巴西国调分析，若稳控装置正确动作切除 6 台美丽山电厂机组，将不会导致系统失稳）。

（5）低频减载措施量不足导致东北部电网频率崩溃。事故过程中，东北部电网与主网解列后，该区域电网低频减载全部动作，系统短时维持稳定运行（10s 左右），在发生区域内机组跳闸后，系统已无低频减载措施，导致频率崩溃。

巴西大停电事故给各国电网的安全稳定运行敲响了警钟。为了避免中国出现类似的大停电事故，需结合电网实际汲取这次事故的教训和经验，总结对中国电网安全稳定运行的启示：

（1）加强继电保护及安全稳定控制装置的运行管理。在这次事故中，继电保护装置的整定和动作不合理是事故迅速扩大，导致电网崩溃的最关键因素。当发生扰动、系统处于紧急状态时，合理配置系统的继电保护及安全稳定控制装置能够有效隔离故障，防止事故的扩大。需特别强调的是，线路的继电保护在电网振荡过程中不发生误动作跳闸是确保振荡中电网完整性、不扩大电网事故的重要条件。然而国外电网线路继电保护普遍不设振荡闭锁，以致由于振荡误动作而扩大了电网事故，在这次事故中也得到了充分体现。

（2）高度重视工程施工及电网重大检修方式的运行风险。高度重视工程施工及电网重大检修方式的运行风险，动态梳理排查单一故障即导致系统失去稳定的风险点。严格落实风险管控措施，重大风险的管控应采取相对保守策略，提高系统安全稳定裕度。严格做好直流换流站及关键 500kV 变电站失压风险管控，加强对厂站母线、进站线路及站用电源的运行维护，严防单一元件跳闸即导致厂站失压。

附录　二次现场工作关键点思维导图

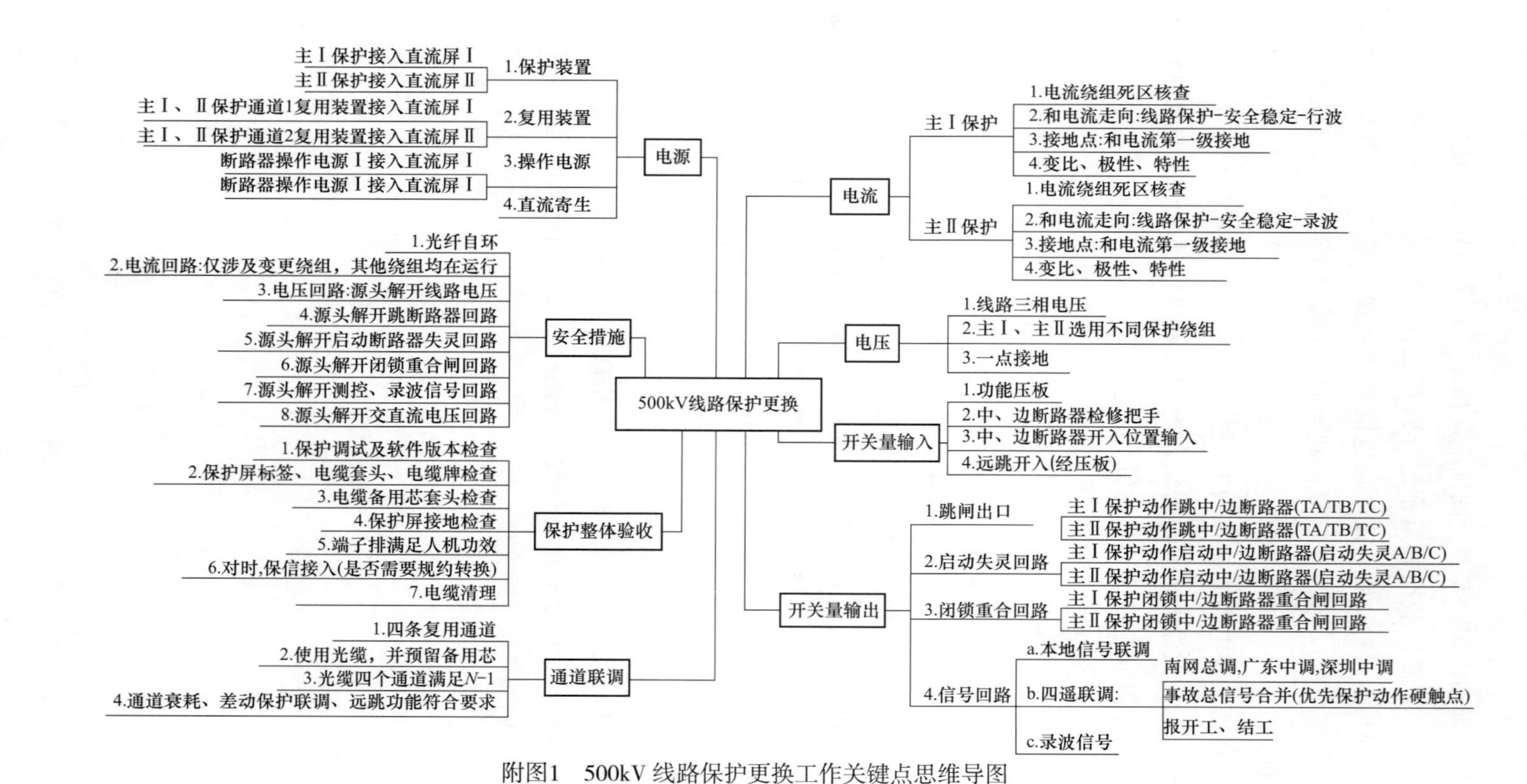

附图1　500kV 线路保护更换工作关键点思维导图

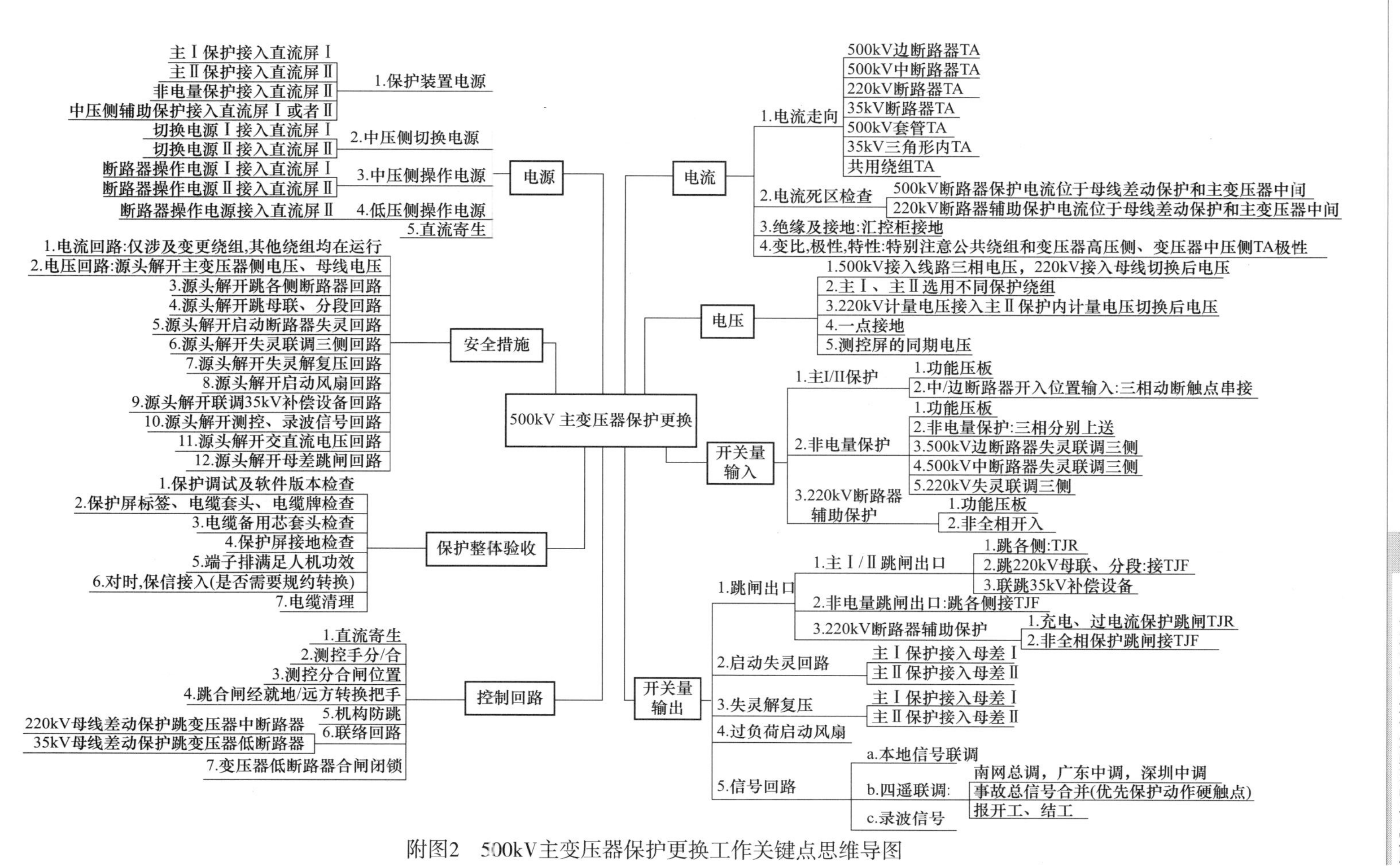

附图2　500kV主变压器保护更换工作关键点思维导图

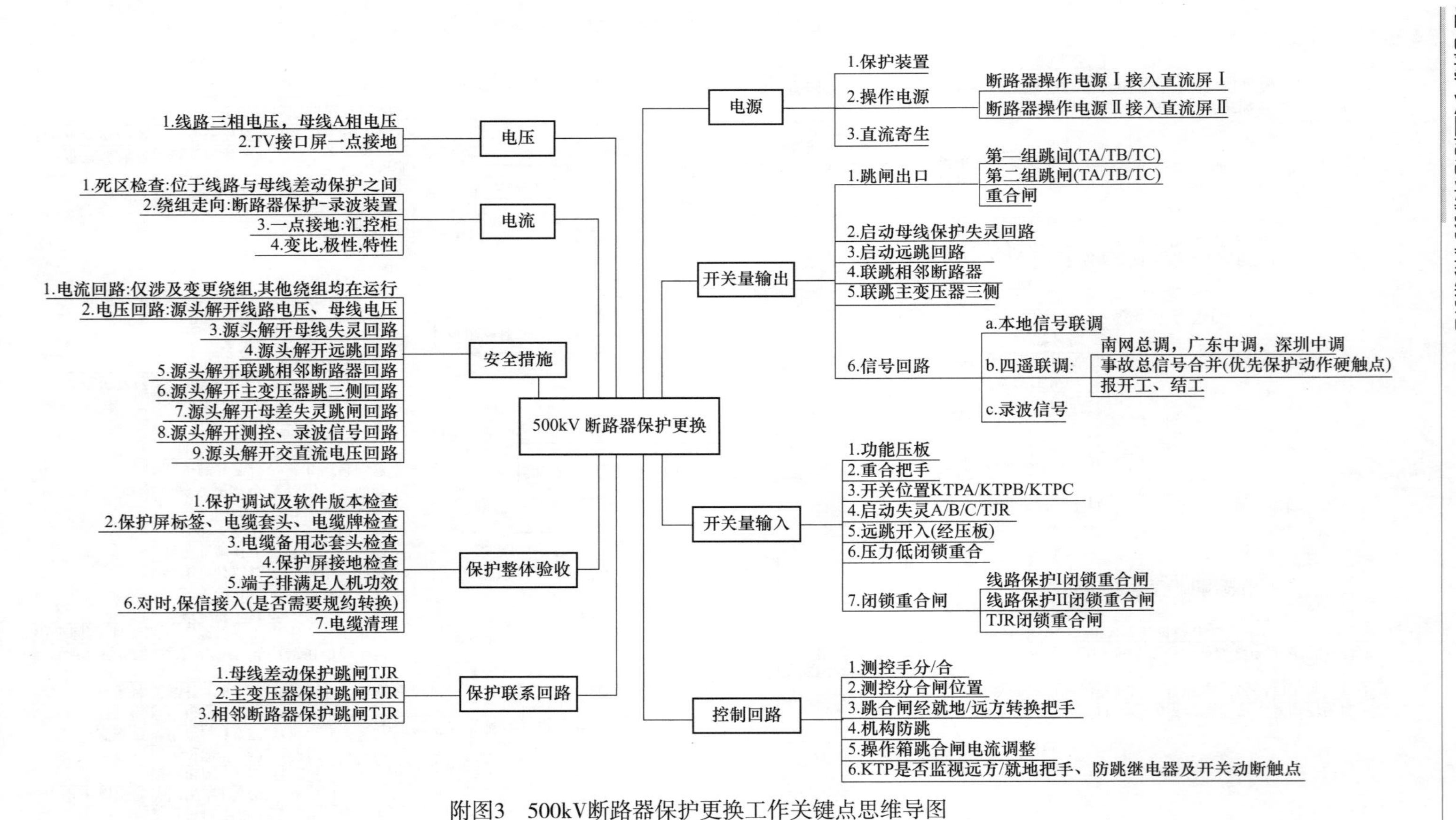

附图3　500kV断路器保护更换工作关键点思维导图

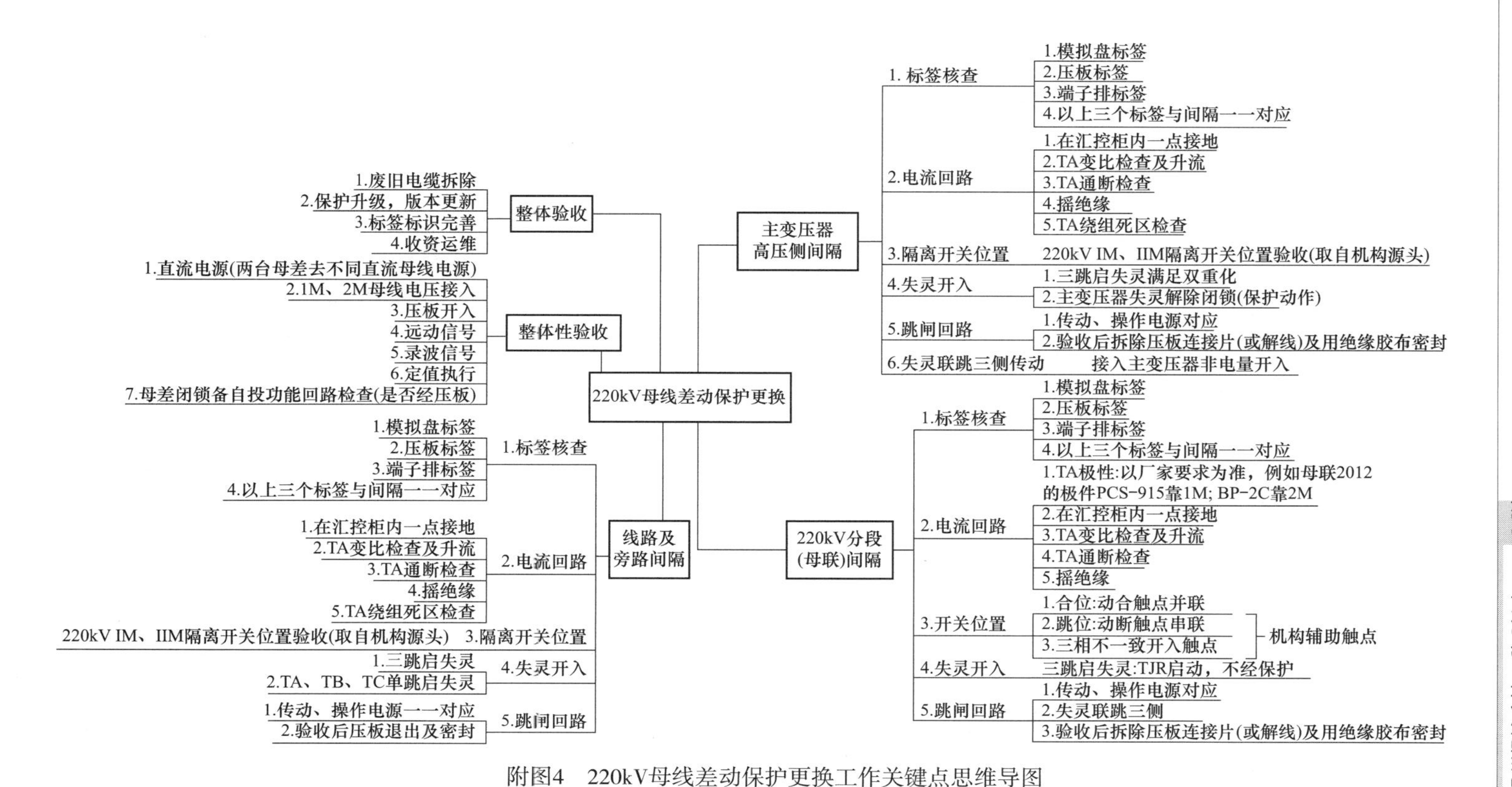

附图4 220kV母线差动保护更换工作关键点思维导图

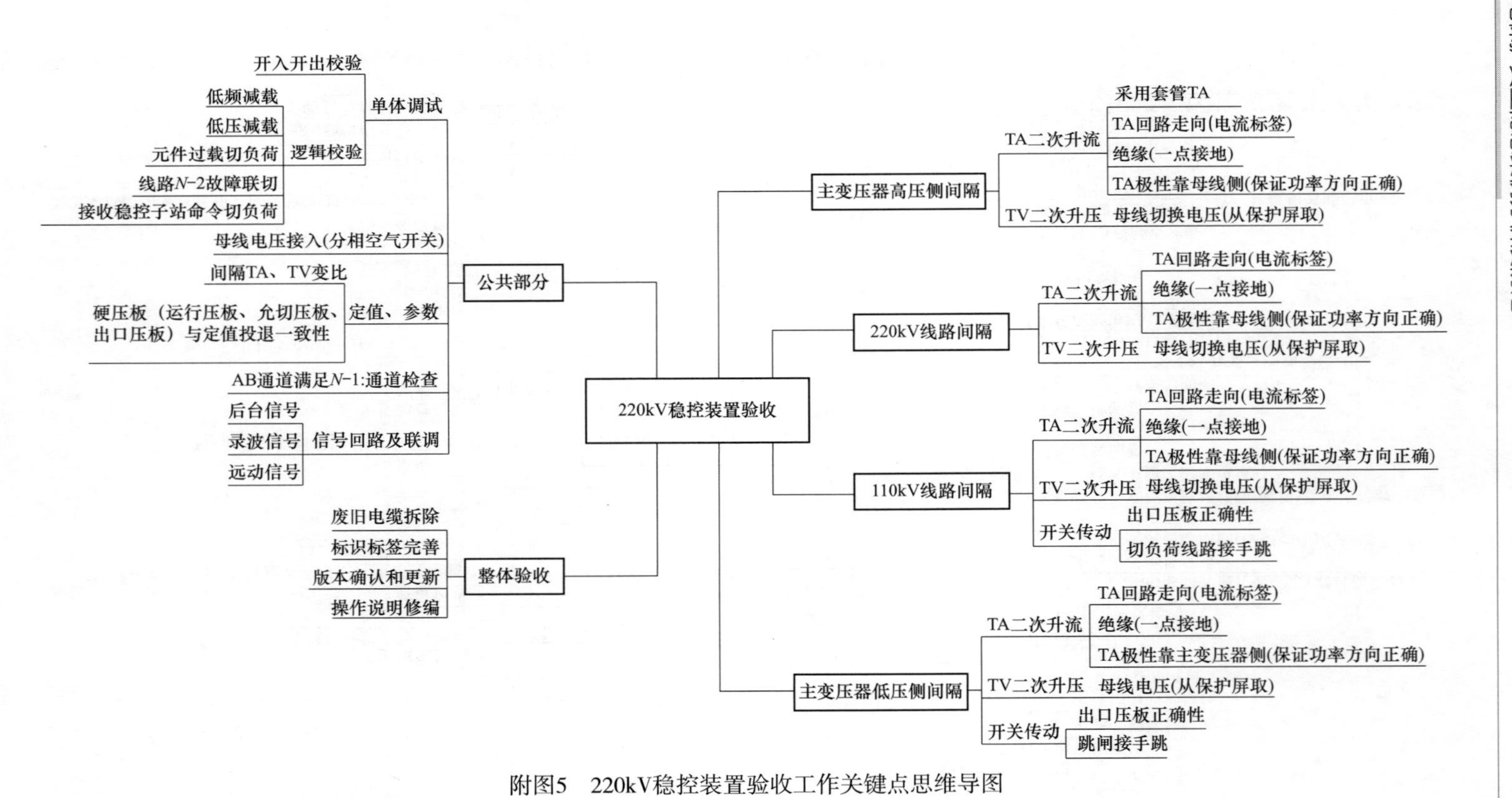

附图5　220kV稳控装置验收工作关键点思维导图

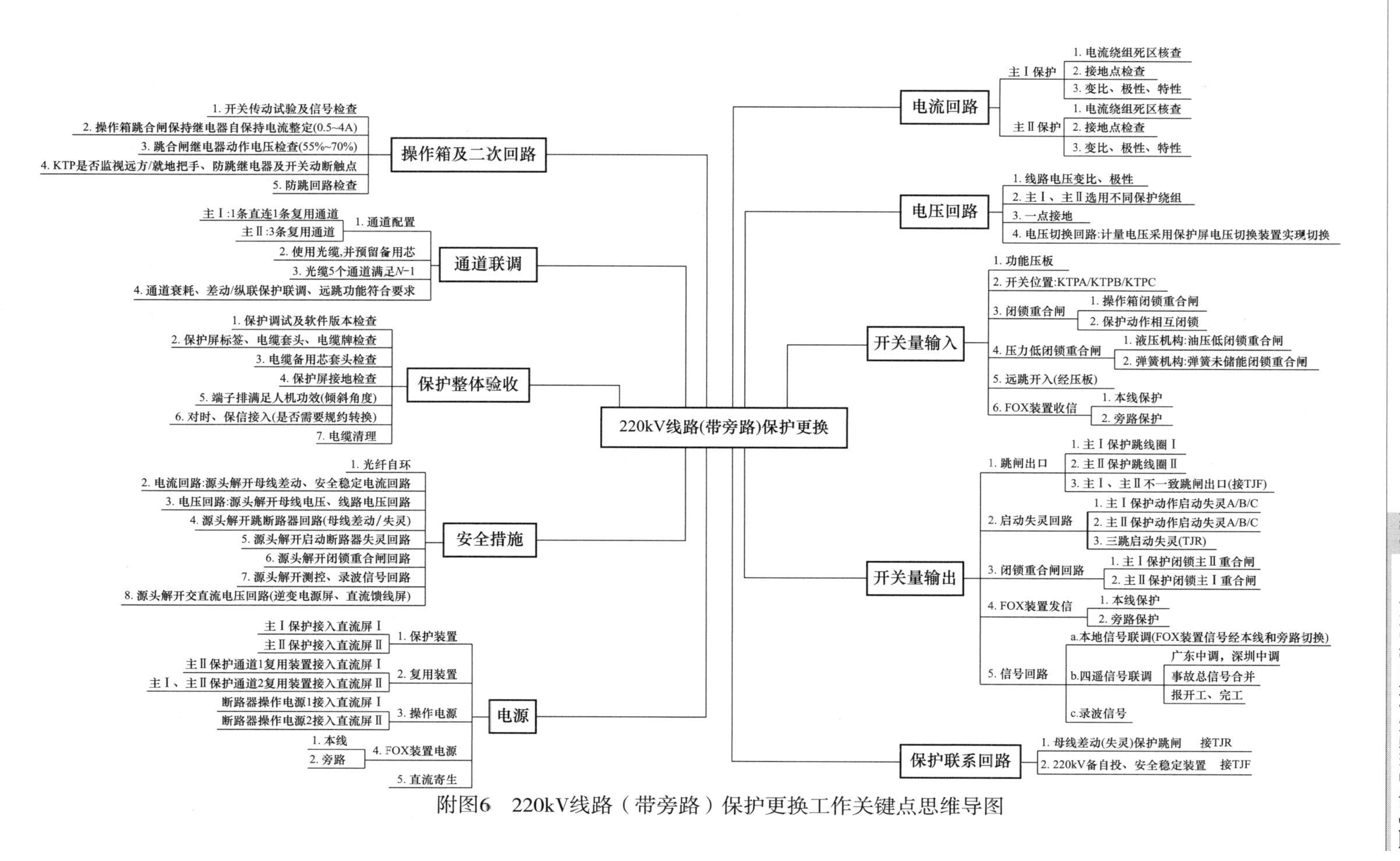

附图6 220kV线路（带旁路）保护更换工作关键点思维导图

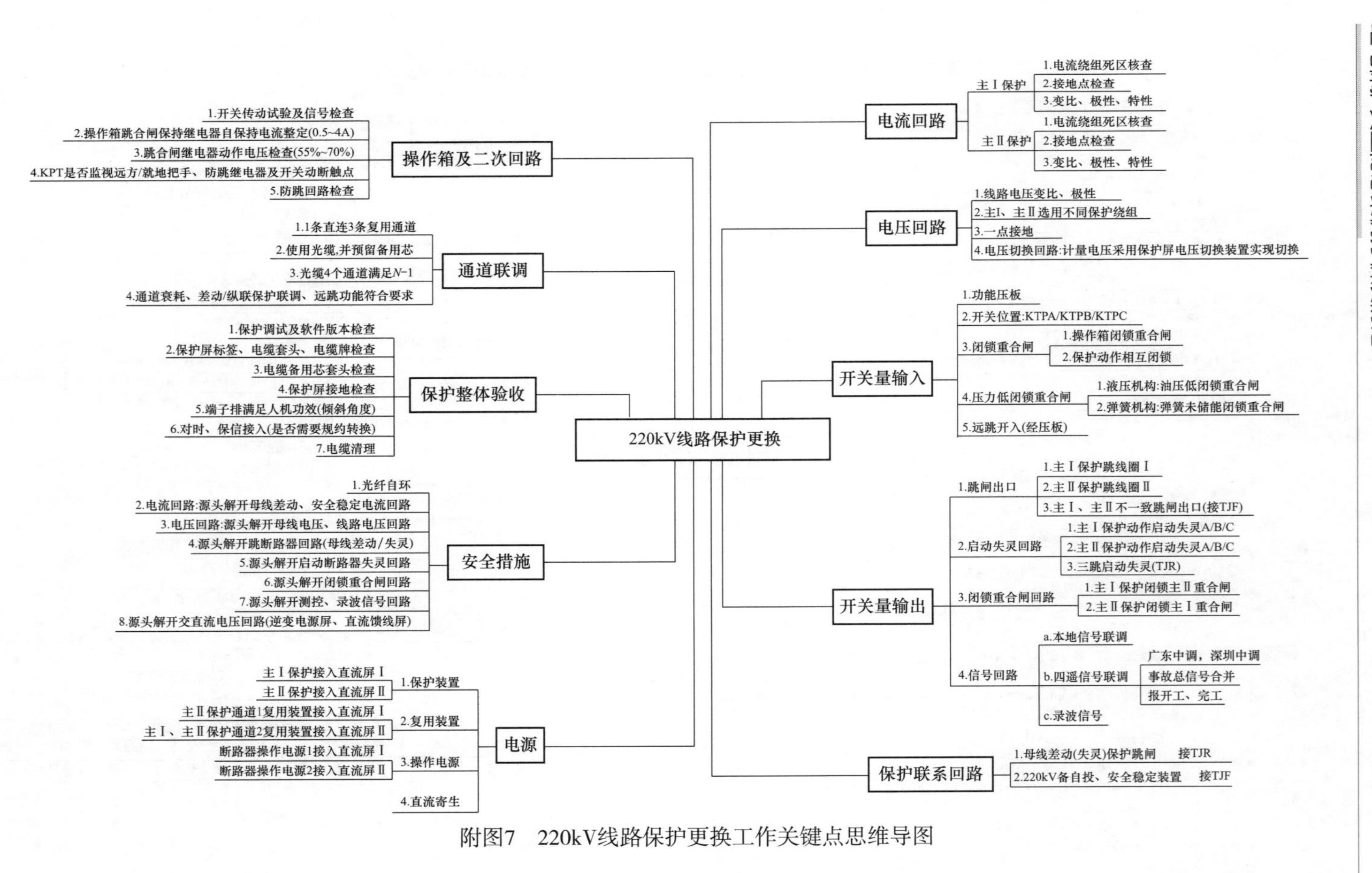

附图7　220kV线路保护更换工作关键点思维导图

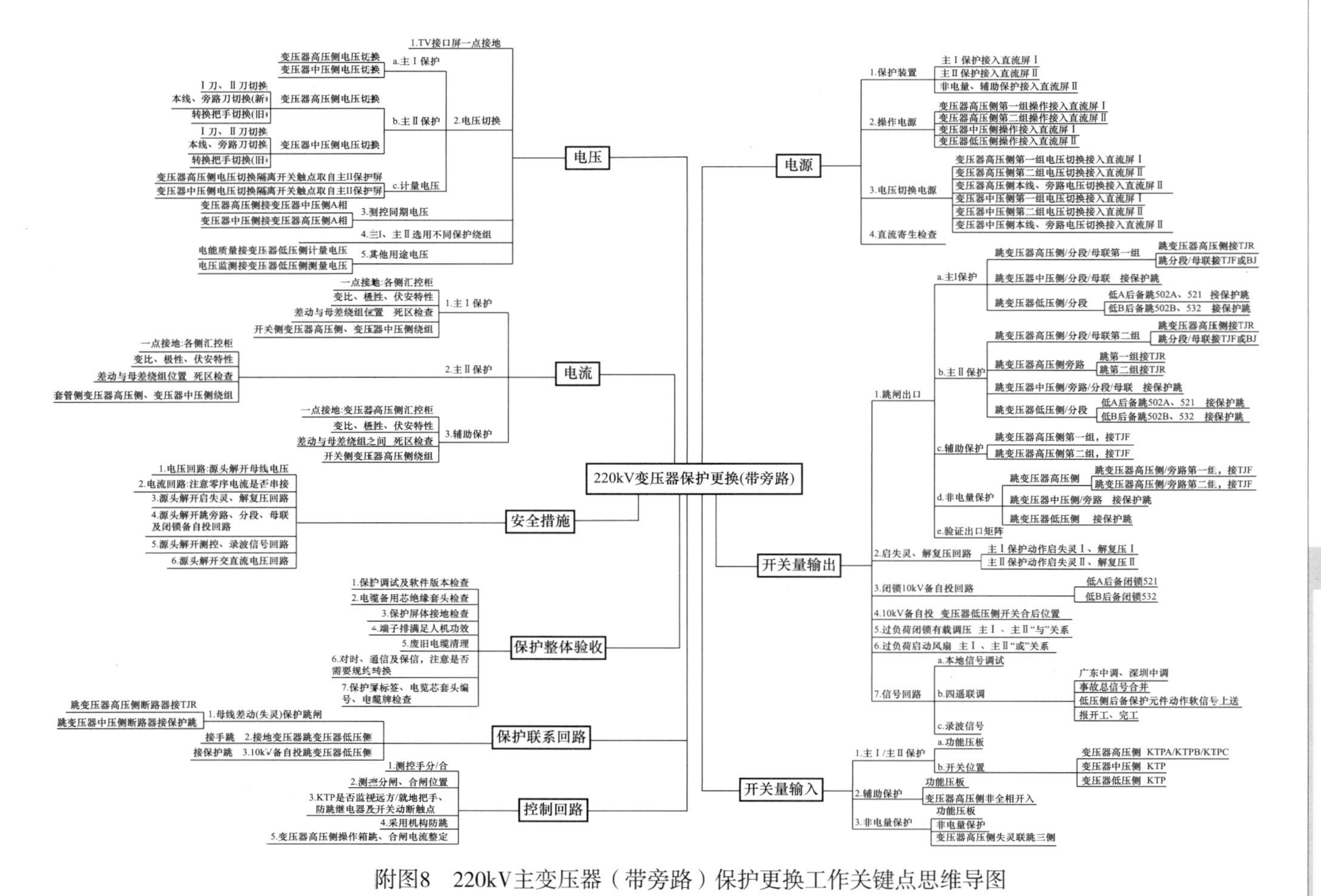

附图8　220kV主变压器（带旁路）保护更换工作关键点思维导图

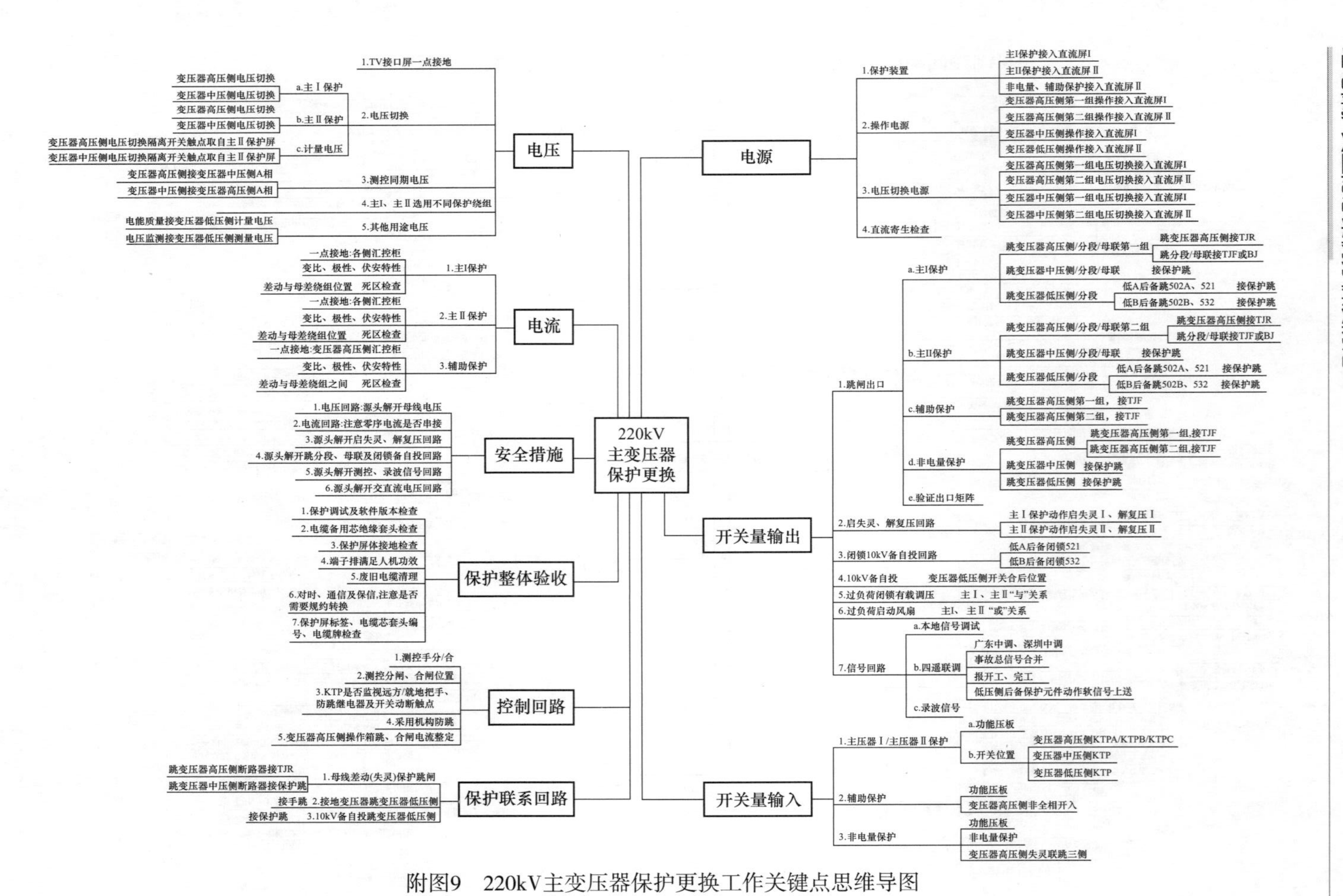

附图9　220kV主变压器保护更换工作关键点思维导图

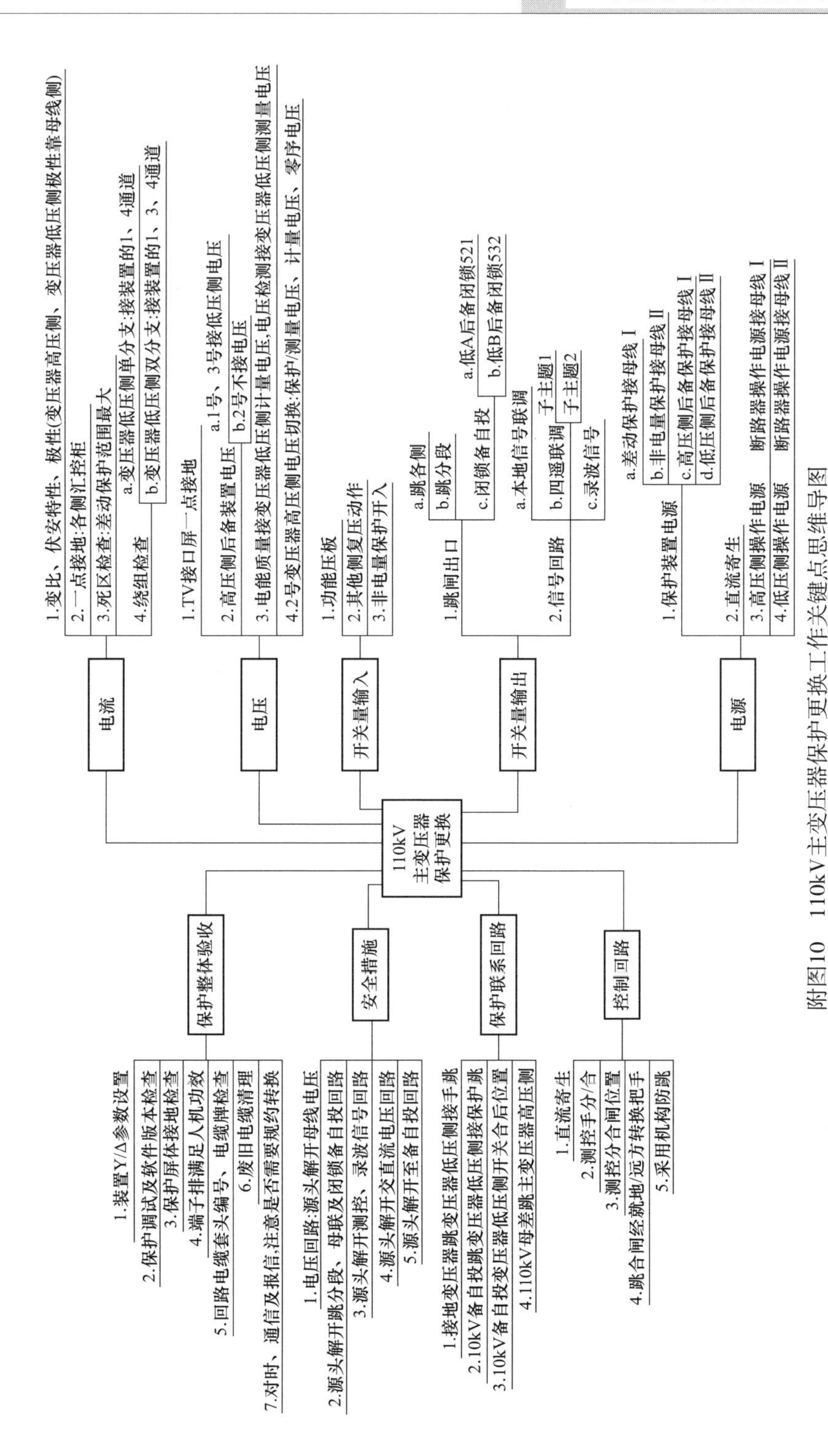

附图10　110kV主变压器保护更换工作关键点思维导图

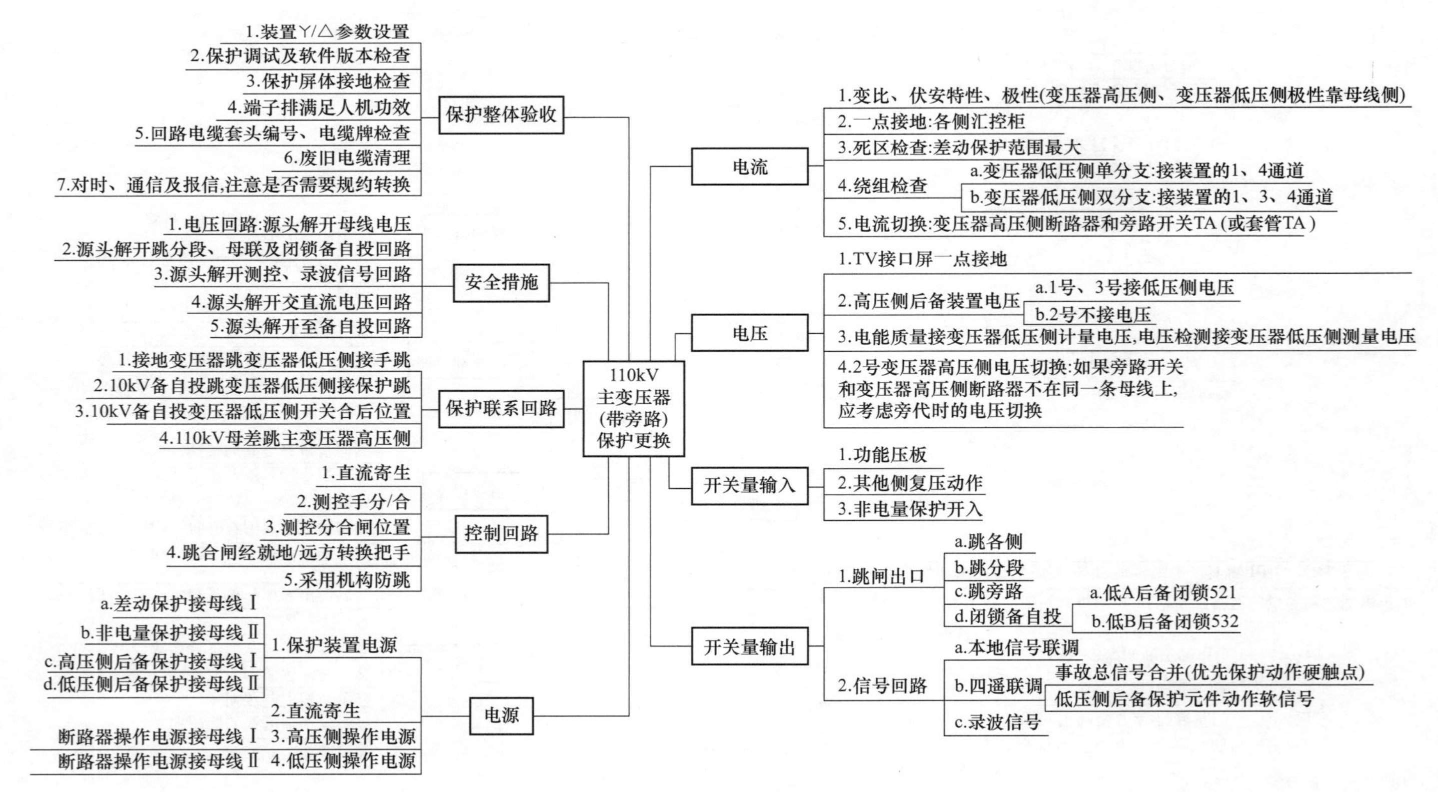

附图11　110kV主变压器（带旁路）保护更换工作关键点思维导图

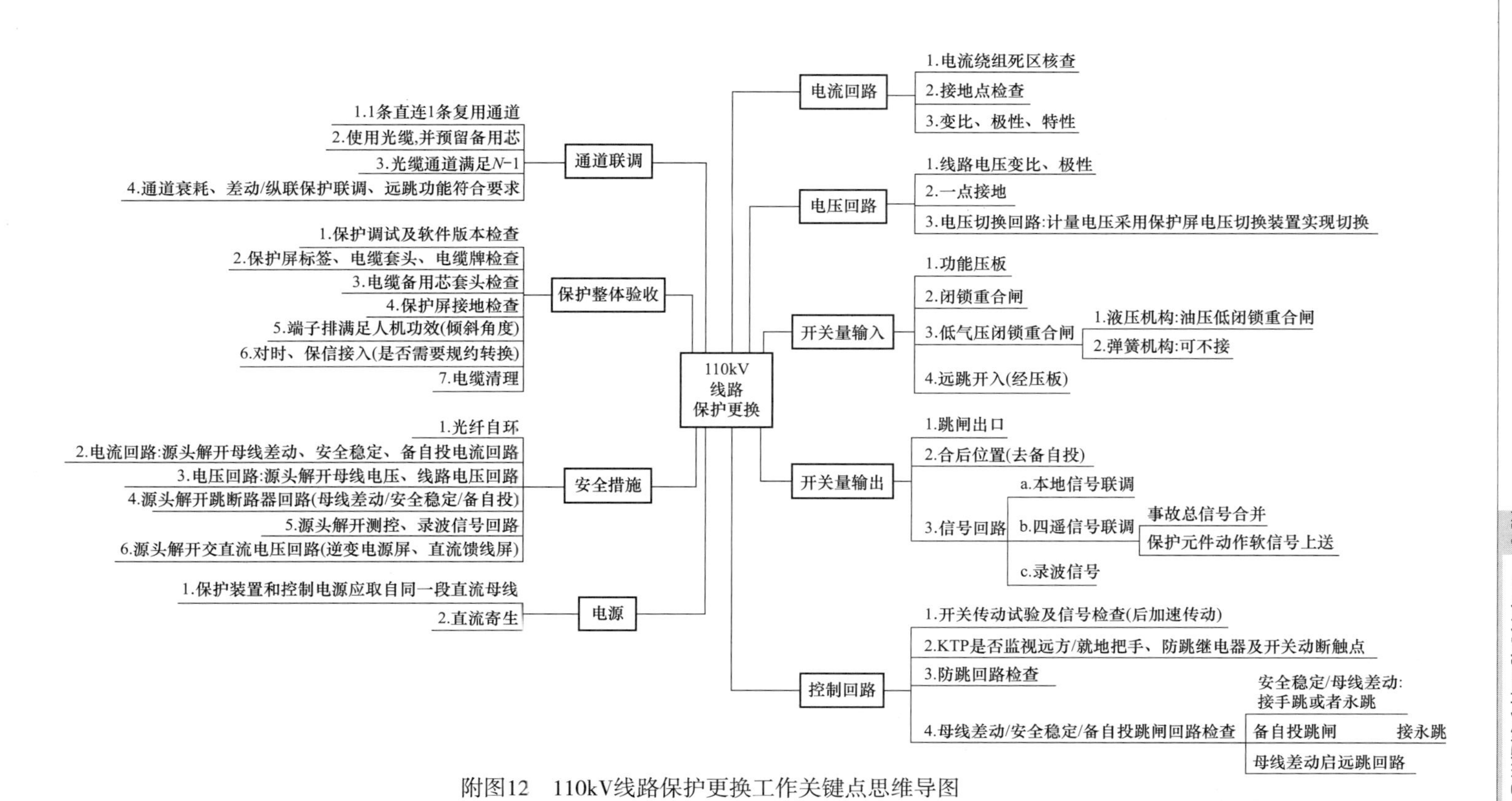

附图12 110kV线路保护更换工作关键点思维导图

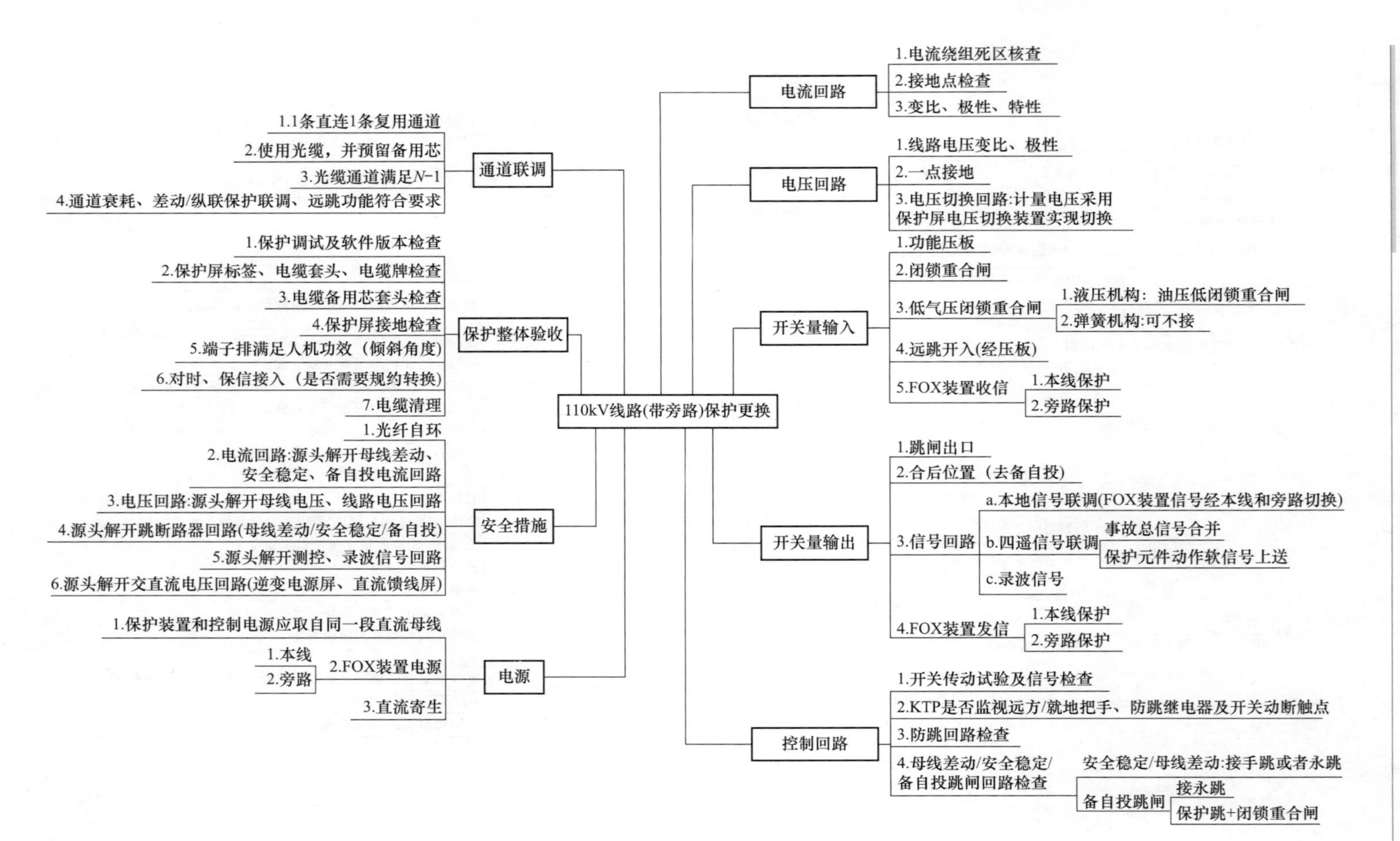

附图13　110kV线路（带旁路）保护更换工作关键点思维导图

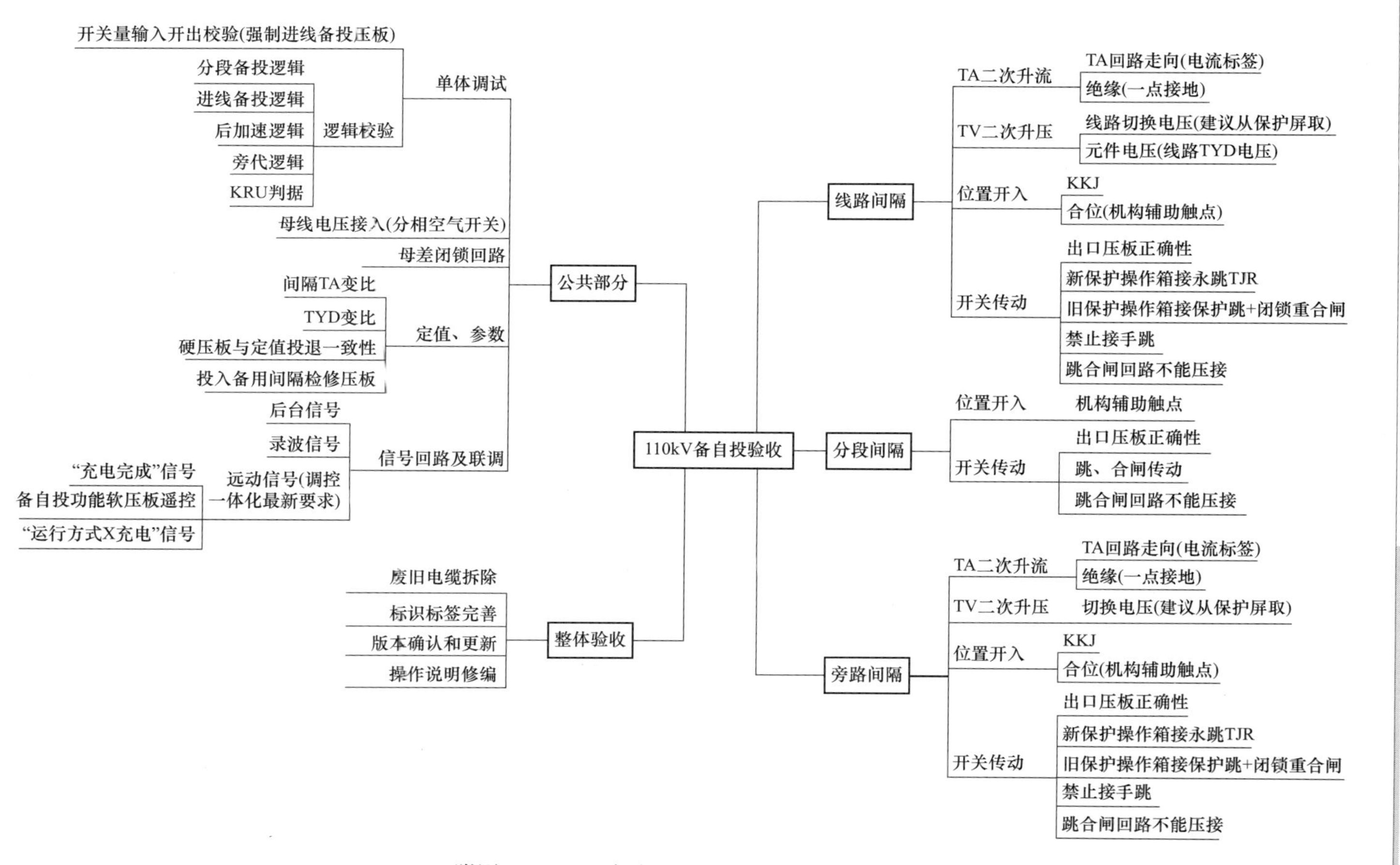

附图14　110kV备自投验收工作关键点思维导图

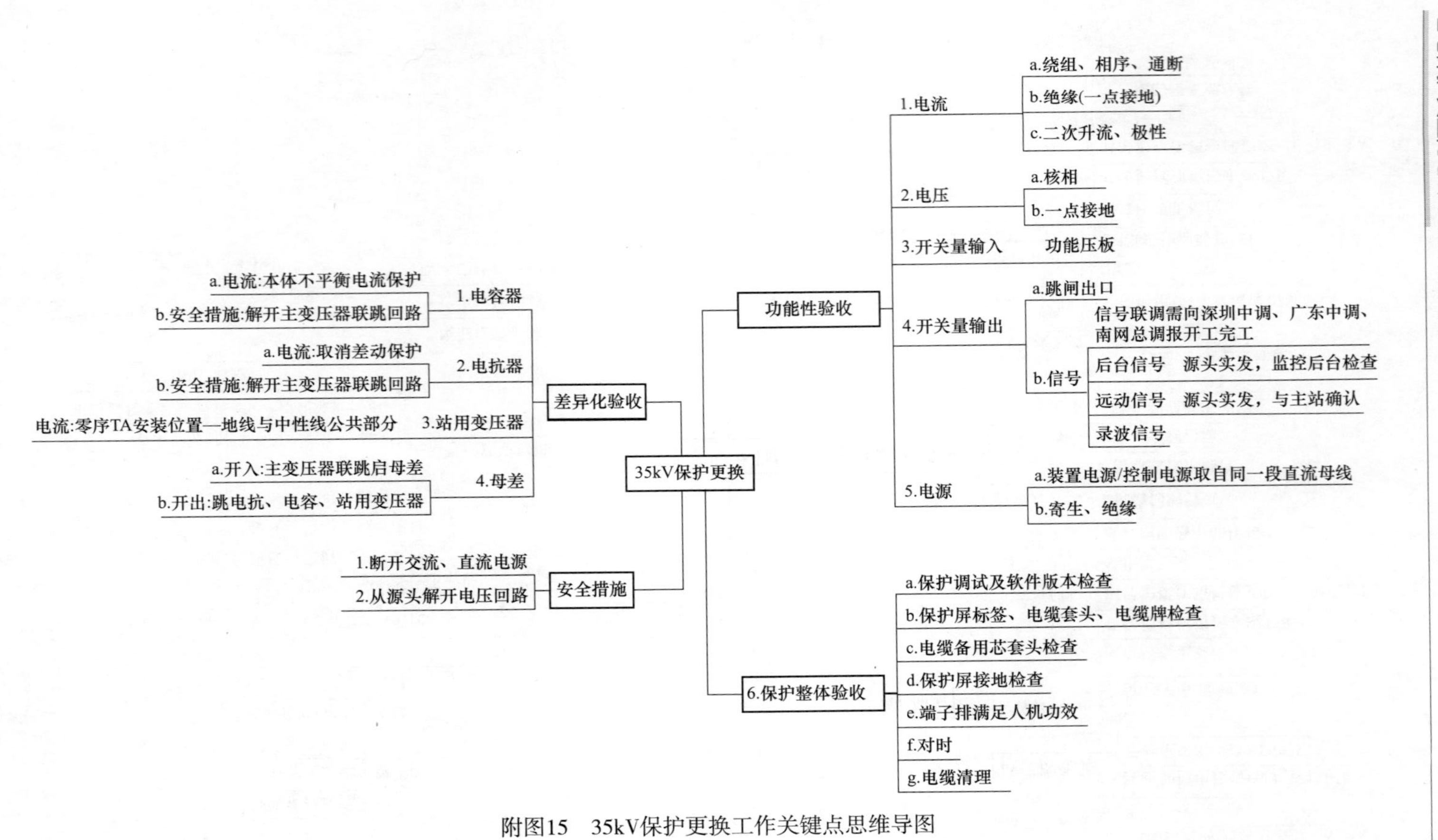

附图15　35kV保护更换工作关键点思维导图

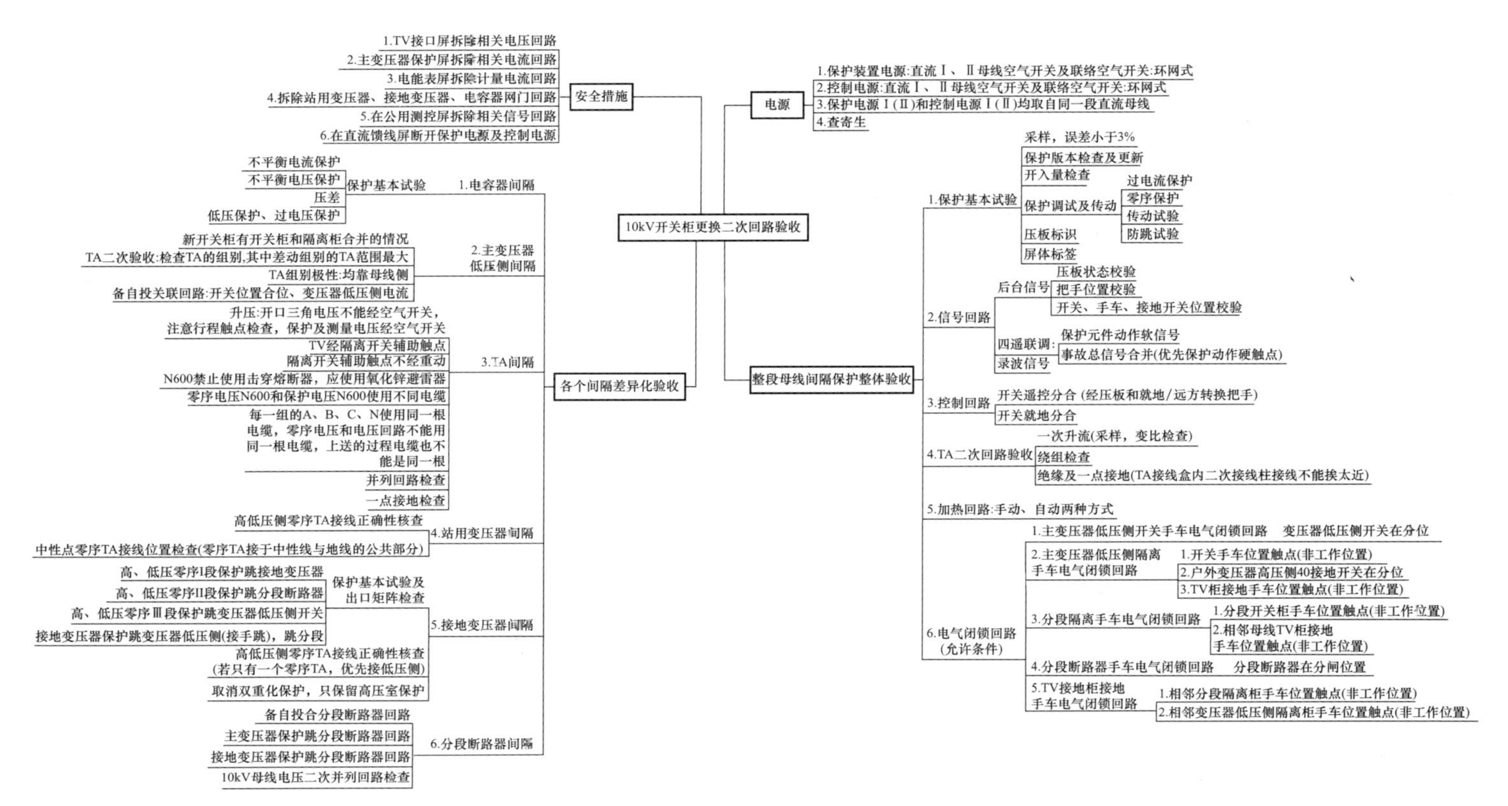

附图16　10kV开关柜更换二次回路验收工作关键点思维导图

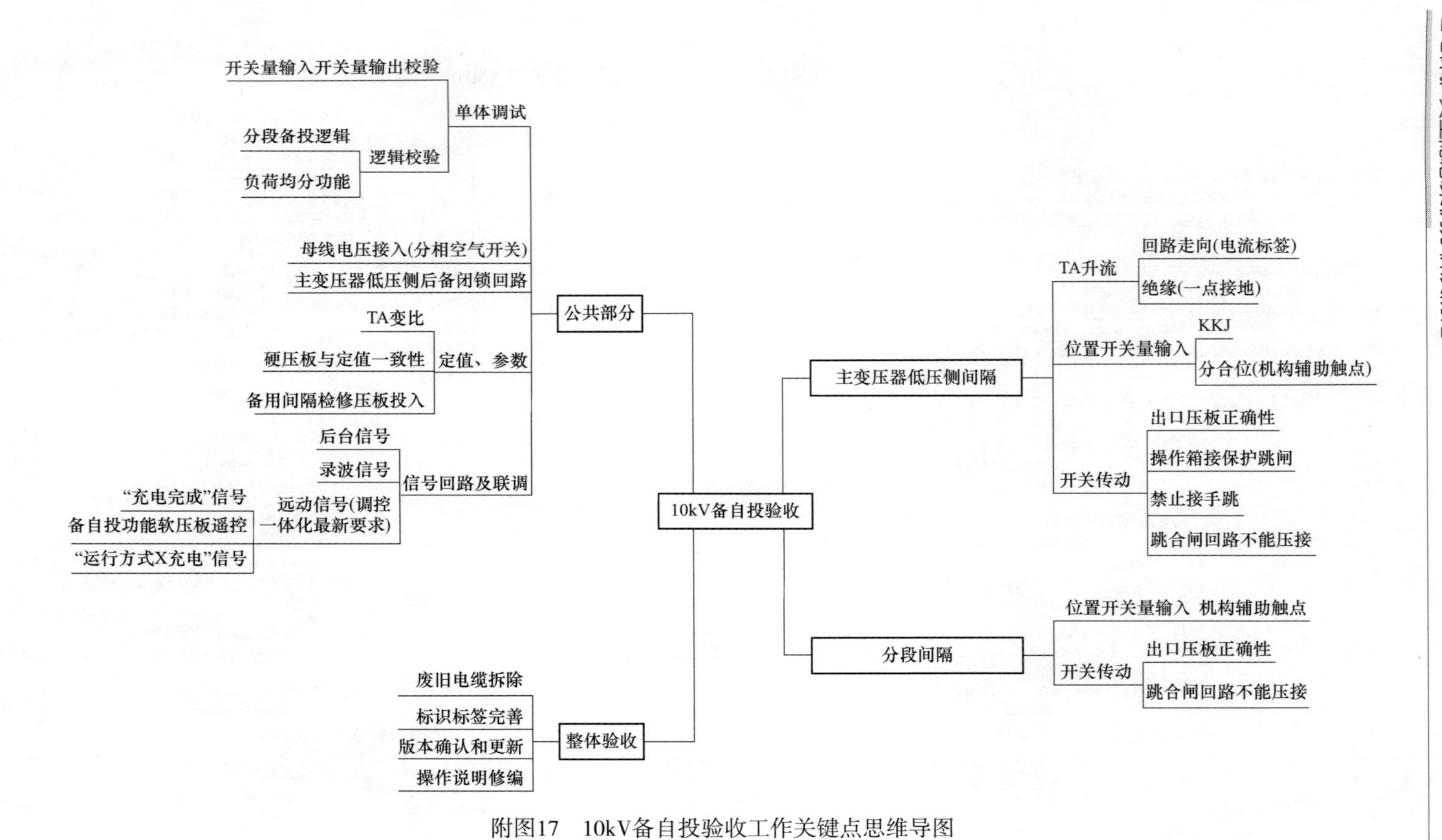

附图17　10kV备自投验收工作关键点思维导图